THE CAR
AND CITY
THE

24 Steps to Safe Streets and
Healthy Communities

Alan Thein Durning

With research assistance by
Beth Callister
Christopher Crowther
Lisa Valdez

NEW Report No. 3
April 1996

Northwest Environment Watch
Seattle, Washington

NEW thanks Meeky Blizzard, Todd Litman, Gussie McRoberts, Terry and Willy Moore, Gordon Price, and Preston Schiller for their cooperation; reviewers Todd Litman and Clifford Cobb for their suggestions; interns Michael Aaron, Aaron Best, Sean Bowles, Sara Jo Breslow, Peter Carlin, Angela Haws, Chandra Shah, and Michael Wewer (who also provided the cover photograph) for their dedicated assistance; and, for their support, volunteers Bill Berg, Monica Bertucci, Mick Braddick, Alycia Braga, Ian Burke, Ed Chadd, Jeff Clark, Susan Clark, Sacha Crittenden, Randy Dill, Jean and Marvin Durning, Sandra Blair Hernsaw, Kevin Klipstein, Norman Kunkel, Wendy Lawrence, Rob Linehan, Flo Lipton, Hollie Lund, Lyn McCollum, Maura McLaughlin, Maria Miller, Emi Nagata, Albert Paulding, Anna Maria Pedroso, Sandy Pernitz, Loretta Pickerell, Don Read, Marilyn Roy, Julene Schlack, Stephanie Smith, Alyson Stage, Scott Stevens, Steve Swope, and Janet Wilson. Design and layout by Visible Images. Edited by Linda Starke and Ellen Chu. Additional research by Todd Litman. The author thanks his entire clan for helping him to meet yet another unreasonable deadline.

Financial support for this report was provided by the Nathan Cummings Foundation and by contributors to Northwest Environment Watch. These include approximately 1,000 individuals and the Bullitt Foundation, Ford Foundation, William and Flora Hewlett Foundation, Global Environment Project Institute, Henry P. Kendall Foundation, Merck Family Fund, Surdna Foundation, an anonymous Canadian foundation, and the Tortuga Foundation. Views expressed are the author's and do not necessarily represent those of Northwest Environment Watch or its directors, officers, staff, or funding organizations. Northwest Environment Watch is a 501(c)(3) tax-exempt organization governed by a board of directors composed of Spencer B. Beebe of Portland; Lester R. Brown of Washington, D.C.; Sandi Chamberlain of Victoria, B.C.; Alan Thein Durning of Seattle; Jane Lubchenco of Corvallis, OR; Tyree Scott of Seattle; and Rosita Worl of Juneau.

This book was printed in Vancouver, B.C., using vegetable-based ink and recycled paper. Text: 100 percent postconsumer waste, whitened with hydrogen peroxide and not de-inked in the recycling process. Cover: 10 percent de-inked postconsumer waste, and 40 percent preconsumer waste, whitened without chlorine.

TABLE OF CONTENTS

PROLOGUE

THE STAKES

Cars are among the most useful inventions of the past century. They provide private, convenient, door-to-door transportation on demand. They let you go when you want to go, make the stops you want to make, and ride in the company you choose.

Cities are among the most useful developments of all time. They give you access to the diverse talents of hundreds of thousands of people. They let you choose from a richness of economic, educational, cultural, and recreational offerings. They are, in a word, civilized.

This book is about the relationship between these two inventions—the car and the city. It argues that, as wonderful as each is, the two do not always mix well. Specifically, the sheer proliferation of cars is damaging the viability of cities, and only greater attention to the latter will allow the former to work as they should. This book is a call for resurgent cities—cities that improve our lives and, as a little-noticed side effect, lessen our dependence on cars. If we reshape the spaces in which cars operate and overhaul the ways we pay for driving, we will get what we want from cars, and it will cost less. We will also go a long way toward fixing some of the most intractable problems afflicting our communities, economy, and environment.

So, while The Car and the City addresses transportation policy and urban planning, it is also about the defining challenges of this generation: breathing new life into our neighborhoods, revitalizing democracy, and making the public realm safe again. It is about making economies thrive, rooting out a public health menace that kills more people than firearms or illicit drugs, and bridging the widening gaps that divide classes and races. It is about strengthening national security, averting catastrophic climate change, and protecting the vanishing remnants of native wildlands. And it is about conserving that most precious of nonrenewable resources—our own time.

The Car and the City is about all these things because, for North America, the increasingly imbalanced relationship between the car and the city is a crux issue—a problem that lurks unattended behind scores of others. Painful as it is, we must face squarely the fact that unless North Americans can rearrange the furniture of their cities, neither cars nor cities nor North American societies in general will function terribly well.

The book is addressed to all North Americans, but it focuses on the Pacific Northwest, a region that serves as both microcosm and test case. In ecological terms, the Pacific Northwest encompasses the watersheds of rivers that enter the Pacific through the temperate rain forests of North America. It stretches from Prince William Sound in Alaska—where the Trans-Alaska Pipeline fills tankers with fuel for Northwest cars—all the way to the Russian River, north of San Francisco Bay. It extends east to headwaters as far inland as the continental divide in Montana. The most ecologically intact part of the industrial world, this biological zone includes British Columbia, Idaho, Oregon, and Washington, and parts of Alaska, Montana, and California (see map inside front cover). Metropolitan Portland, Seattle, and Vancouver are home to the bulk of the region's 14 million inhabitants, with smaller concentrations in Boise, Victoria, and Spokane.[1]

The Pacific Northwest exemplifies all the dimensions of the existing, dysfunctional relationship between cars and cities. Yet it also possesses a wealth of ingenious solutions. Thousands of citizens are quietly but radically changing their cities, making their region a laboratory for the reinvention of urban life—and a proving ground of international significance. They have disproved the common lament that the sprawling strip developments that came with the automobile are inevitable. They have demonstrated that a great deal can be done to restore cities. They have showed that urban revitalization comes in small steps that have immediate benefits, and that those steps solve many problems at once. What is still unclear is whether enough people will join them in time to make the Northwest a sustainable, viable region. **1** **Read this book on the bus.**

SOLUTIONS

THE CITY

The Honourable Gordon Price, a conservative member of the Vancouver City Council, is in the middle of the street in his neighborhood—the West End—on a wet winter Saturday, greeting some passersby. For a politician, this is not unusual. What is different is that Gordon is not in an automobile: he does not own one. Gordon's peculiarity reflects that of the neighborhood—a tree-lined square mile of apartments, condominiums, offices, and shops between downtown Vancouver and Stanley Park.[2]

"We're standing in the middle of the street," he says, "in the middle of the highest-density residential area in western Canada, and we're not even thinking about traffic." The narrow road—lined with parked cars, leafy trees and shrubs, wide sidewalks, and closely set buildings both tall and short—is empty of moving autos but full of people on foot.

"When I am walking or jogging in the West End, I usually count ten pedestrians for every moving car," notes Gordon. And this ratio explains why he contends that Vancouver's West End, once reviled as a concrete jungle, is "one of the only real answers to the quandary of creating a sustainable and environmentally sound way of life."

Automobiles' private benefits are enormous and well understood. Yet their abundance makes them the source of a disturbing share of social problems. They are the proximate cause of more environmental harm than any other artifact of everyday life on the continent.

Traffic accidents kill more northwesterners each year than gun-shot wounds or drug abuse do: almost 2,000 people in the region died—and 168,000 were injured—in car wrecks in 1993 alone. Traffic deaths move in a mirror image of gasoline prices: when fuel gets cheaper, so does life. The young are especially endan-gered. Traffic accidents are the leading cause of death among Americans aged ten to twenty-four, and five- to fifteen-year-olds are the age group most likely to be run over by motor vehicles while bicycling. Those older than sixty-five are not exempt from the carnage: they account for the overwhelming share of pedes-trians killed by cars.[3]

Cars kill or injure thousands more northwesterners each year without ever touching them: air pollution from motor vehicles— and from the industries that build, fuel, repair, and support them— causes respiratory diseases and lung cancer. In Vancouver, hospital admissions increase on days of bad pollution. Motor vehicles are the single largest source of air pollution in the region. In Washing-ton, road vehicles release 55 percent of all air pollution; in greater Vancouver, they release two-thirds.[4]

"Cars are far cleaner than they used to be," Gordon Price notes, but they remain heavy polluters. And they are the leading cause of climate-changing greenhouse gas emissions. Each car annually emits its own weight in carbon in the form of carbon dioxide—the principal greenhouse gas. Motor fuel combustion accounted for 45 percent of fossil fuel–derived carbon dioxide emitted in the region in 1993, and fuel consumption has since increased.[5]

To grasp the full magnitude of automobiles' downside, add the damage they cause to bodies of water through crankcase drips, oil spills, and the great wash of toxic crud running off roads, drive-ways, and parking lots. Add the billions of dollars of income drained from the regional economy to pay for its two largest imports: vehicles and oil. Add the crops stunted by air pollution on farms near cities—losses valued annually at more than \$10 million. Add the fragmentation of every type of wildlife habitat caused by lacing the region with 220,000 miles of public streets and highways.[6]

"Transportation," says Gordon, standing under a row of street trees on a West End sidewalk, "is a means, not an end. The end is access." People want to have access to things—services, locations, facilities. They want to stop at the health club, pick up some groceries, drop by a friend's, and still get home from work at a reasonable hour. Most of North America has sought to provide this access through greater mobility; the West End has provided it through greater proximity.

Access through mobility has involved incredible numbers of cars. In 1994, there were nearly 11 million motor vehicles in British Columbia, Idaho, Oregon, and Washington. The motor vehicle fleet was growing faster than the economy and almost twice as fast as population. Indeed, it was steadily gaining on the human population; there were four vehicles for every five people. Vehicles already outnumbered licensed drivers by the late 1960s. If every driver in the Northwest today took to the roads at the same time, a million cars would still be parked.[7]

After 1983, driving increased even faster than the number of autos. Vehicles in Idaho, Oregon, and Washington covered eleven miles per person a day in 1957; by 1993, the figure was twenty-five miles per person a day. In part, people were driving farther each time they got in their cars, but most of the increase was due to people getting in their cars more often. They were driving on 90 percent of the trips they took. That share had been rising for decades at the expense of trains, bicycles, buses, and travel by foot. And the reason for this shift was sprawl. The share of people in Idaho, Oregon, and Washington who live in suburbs has risen from just 7 percent in 1950 to 30 percent in 1990 (see Figure 1.)

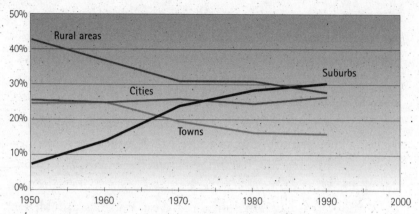

Figure 1. Shares of Population of Idaho, Oregon, and Washington Living in Cities, Suburbs, Towns, and Rural Areas, 1950–1990
More Northwesterners live in suburbs than in cities, towns, or rural areas.
Sources: See endnote 8.

Suburbs overtook towns in population in the 1960s. They passed cities in the 1970s and exceeded rural areas in the 1980s. In Washington, 70 percent of the residences put up between 1960 and 1990 were on the urban fringe.[8]

This kind of urban form was made possible by the automobile; now, it has made the automobile indispensable. People who live in sprawl lack alternatives: people in typical households in northwestern suburbs own one car per driver and get in their cars ten times a day. Per person, suburban dwellers drive three times as far as those who live in pedestrian-friendly urban neighborhoods such as the West End. They are, in transportation lingo, "auto dependent."[9]

Gordon Price's concern is not to fight cars but to fight auto dependence. If he had a car, his bumper sticker would probably read, "Sprawl is the problem. Cities are the solution."

The West End is an eclectic, urbane, polished, somewhat upscale enclave of high-rise and low-rise buildings. To the eye, there is nothing stereotypically "environmental" about it. It is simply a place where things are close enough together that rubber soles transport people better than steel-belted radials do.

Gordon answers most questions about automobiles by talking about the minutiae of architecture and urban design. Access through proximity succeeds, or fails, he argues, in the details of design— the sizes and arrangements of buildings, lots, streets, sidewalks, alleys, crosswalks, parking facilities, parks, and other amenities. Good design, Gordon contends, can create a public realm that is safe, inviting, and conducive to community; bad design creates a menacing and sterile public realm.

Gordon levels his umbrella toward an intersection: "You need a grid system of streets open for pedestrians and bikes, but you must put in diverters now and again to slow cars. Then you green the diverters." **2** **Make streets in a grid. Put in diverters.** A raised concrete planter cuts the intersection diagonally; it is landscaped with trees and shrubs. A traditional street grid broken with these diverters provides smoother movement of traffic—foot, bicycle, and even car—than the sprawl model of cul-de-sacs, feeder roads, connector roads, and highway.

With his umbrella measuring the length of the block, Gordon continues, "Small blocks and narrow lots make walking more interesting." They create a diverse but intimate ambience for foot travellers. **3** **Lay out small blocks with small lots.**

"Narrow streets also slow traffic," Gordon says, because drivers tend to adjust their velocity based on available road space, not posted speed limits. Therefore, motorists who drive the speed limit on city streets—twenty-five miles per hour unless otherwise posted in the U.S. Northwest and fifty kilometers per hour in B.C.— often end up with a string of tailgaters behind them.[10]

Pointing to the curb lane, Gordon says, "Parked cars make pedestrians feel guarded against traffic," which is critical to encouraging walking. To further encourage walking, Gordon says, it is important to have a row of "street trees and grass, then the sidewalk, then landscaping, then buildings" to surround the pedestrian with greenery. **4** **Surround the sidewalk with greenery.**

He gestures at the buildings, apartment structures of every size sitting close to the street. "Small setbacks give human scale." Buildings far from the street create yawning, empty spaces that walkers find unwelcoming.

Gordon points at the ample, unshaded ground-floor windows on most of the buildings, "Eyes toward the street give safety." Cohesive neighborhoods full of concerned neighbors and pedestrians, backed by a speedy police force, have proved again and again to be the best defense against lawlessness.[11]

He points out a high-rise tower emerging from a wide, three-story base, "Low-rise facades on the street make high-rises humane for pedestrians, avoiding the concrete canyon effect." From the street, the triple-decker frontage is all you pay attention to: it is modestly scaled and conceals the impersonal bigness of the tower behind.

Perhaps the most surprising thing about the West End is that it completely lacks the boxed-in feeling commonly associated with high density. This openness is achieved in part with lots of cozy "pocket" parks, courtyards, and airy windows, but more of it is due to the attention the government pays to "view lines." Buildings are situated to allow views of greenery, water, and sky. "We try to tend the public realm as carefully as people tend their living rooms," says Gordon.

When all the pieces are assembled, Gordon says, and "you've calmed the traffic down enough, this amazing thing happens. Pedestrians claim the streets, and cars go even slower." International comparisons have showed that the higher a city's average traffic speed, the less walking, bicycling, and transit ridership it will have, and the more gasoline its residents will consume apiece.[12]

Gordon Price is on Denman Street, a commercial avenue where traffic is heavier, and the sidewalks, despite the steady rain, are bursting with people. Some West Enders are sitting under canopies at cafes, others are walking or waiting for buses. It feels like Europe.

Upstairs from some of the shops and bistros are offices; above others are apartments. This mixing of uses—and the close interlacing of the West End's commercial streets with its strictly residential ones—is another ingredient of access through proximity.

5 Mix offices, shops, and homes.

In sprawl, zoning codes zealously segregate homes, shops, and workplaces, forbidding apartments above stores, for example, even though this was the main form of affordable housing for generations in North American towns. Mixing stores, homes, and offices creates a more diverse and stable human realm, one where the spheres of life are not geographically fragmented. Mixing uses also moderates the huge fluctuations of population generated by sprawl: residential districts lose their inhabitants by day, commercial districts lose their tenants by night. And automobile numbers are kept high to convey everybody on their daily migrations.

Pausing under one of the many canopies that cover the wide sidewalk, Gordon says, "West End merchants compete for foot traffic by providing pedestrian amenities such as benches and awnings. Elsewhere, merchants compete for car traffic by providing free parking."

"Bike parking is one of our major problems just now," says Gordon, pointing to the two-wheelers locked to every post and fence. The City Engineering Department tallied bicycle trips citywide at nearly 50,000 a day a few years ago, and they have increased since. "Bicycles have been coming out of the wood-work, and the city is just beginning to install enough secure bi-cycle racks." Vancouver, like Seattle, is also mounting bike racks on buses, just as Amtrak is putting them on the trains connecting Vancouver with Seattle and Portland.[13] **6 Install bike racks.**

Sitting in a restaurant on Denman, Gordon Price looks out through the rain at the public waterfront that rings the city and comes to the crux of the matter. "Of course, none of these details of zoning or design works without a sufficiently concentrated population." Well-designed, mixed-use neighborhoods with few inhabitants per acre do little to lessen auto dependence.

"If we're going to handle growth on a limited land base, one way or another, you're talking about the D-word, density. We're in a massive state of denial in the Pacific Northwest about that." Politicians all over the region hear from their constituents that they want lower density and less traffic—which is impossible. Lower density means more traffic, if not on each cul-de-sac, then everywhere else. "Citizens also clamor for better transit, which is another contradiction since transit is hopelessly expensive and in-convenient without sufficient density," says Gordon.

Density—population per acre—is the most important deter-minant of how dependent citizens are on their automobiles, according to studies of major cities worldwide conducted by Aus-tralian researchers Peter Newman and Jeffrey Kenworthy. As population density increases, transportation options multiply and auto dependence lessens, especially as density rises above two thresh-olds. The first, separating low density from medium density, is at twelve people per acre. Low-density districts—including nine-tenths of greater Portland and greater Seattle and more than half of greater Vancouver—have populations that are utterly depen-dent on autos (see Figure 2).[14]

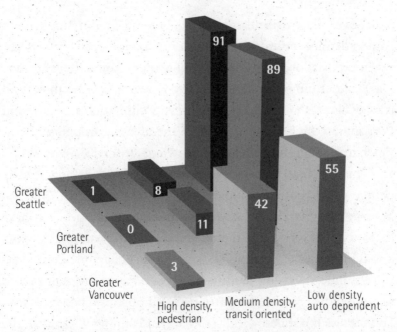

Figure 2. Shares of Metropolitan Population, by Neighborhood Density, Early 1990s

The residents of Vancouver depend far less on the auto than residents of Seattle or Portland.

Sources and definitions: see endnote 14.

In medium-density neighborhoods, including the older in-city neighborhoods of Seattle and Portland and most of Vancouver, bus service becomes an option because there are enough riders to make regular service cost effective. This frees some households from needing multiple cars, so vehicle ownership rates slip and occupancy rates rise: more people ride in each car. In medium-density neighborhoods, total distance driven per person falls, which also lessens per capita gasoline consumption—even though each car's fuel mileage suffers in stop-and-start urban traffic.[15]

As density rises, Newman and Kenworthy found, car traffic slows, but public transit speeds up: as more people take transit, cities invest in faster, dedicated bus lanes and rail transit systems.

Vancouver, like Portland, is building a regional rail transit system. And as density increases, the amount of urban space per resident that must be allocated to roads, parking spaces, and other automotive facilities diminishes. In Vancouver, roughly one-tenth of land is roads alone; the shares in lower-density cities such as Seattle and Portland are higher. Metropolitan Vancouver has roughly half as much road per household as the sprawling city of Kelowna, B.C.[16]

Things just get better above the high-density threshold of forty people per acre. In the Northwest, only Seattle's First Hill and Vancouver's West End and its surrounding neighborhoods have high density. Above this higher threshold, destinations are close enough that bicycling and foot travel flourish, people drive one-third as much as in low-density districts, and as many as one-third of households do not own a car at all. Air pollution falls especially fast because the added walking, biking, and transit trips replace the short, cold-engine car trips that pollute the most per mile.[17]

Transit thrives as well at high densities. West End buses run often enough—roughly once every seven minutes—that no one needs a schedule. And because ridership is high, most buses turn a healthy profit. Indeed, buses in greater Vancouver overall generate half of their operating budgets from fares, compared with less than one-fourth in Seattle and Portland.[18]

The decline in auto dependence at higher densities holds true regardless of income: Poor people in the suburbs drive more than rich people in the city. Rich people in high-density areas take the bus more than poor people on the periphery.[19]

"If we accept that density must increase, how do we do it?" Gordon Price asks. "The city of Vancouver now is emerging as a leader in how to do it." The West End is a case in point. More than a century ago, the West End held the two- and three-story mansions of the well-to-do. By early in the 1900s, these structures had been divided into flats, boarding hotels, and tenements. It became a working-class neighborhood from which laborers could get to their jobs on foot, bicycle, or streetcar. In June 1956, the Vancouver City Council rezoned the area for multifamily residential buildings, and by 1962 a building boom took hold. Towers went up left and right, filling with renters as quickly as they could be completed.[20]

Then the citizens of Vancouver brought construction screeching to a halt. Offended by high-rises, they realigned municipal politics and shut down new construction in most of Vancouver's residential neighborhoods. Of course this move did nothing to stop development. Population was growing, the number of households was growing faster, and demand for additional floor space was growing fastest of all. The building boom was shunted beyond city limits, and the metropolis expanded like a supernova up the Fraser River Valley.

On the city council, Gordon has fought back by helping to approve grandiose development plans for two other areas on the fringe of downtown, plans that will double the residential population of the city's central core. "The West End is full. We have to create new West Ends. The single-family neighborhoods will never let in new development, so we had to encourage building on underused industrial land around downtown." **7** **Build new highrise neighborhoods in depressed industrial zones.**

In Seattle, a citizens' group has been calling for creation of something similar, to be known as Seattle Commons: a new walkable neighborhood of 15,000 residents in a zone of parking lots and light-industrial buildings. The Commons would involve the removal of about forty acres of pavement to create a central park stretching from the shores of Lake Union to downtown.[21]

Meanwhile, Gordon has also been instrumental in expanding an ambitious elevated-rail transit system called Skytrain. More important, he has pushed hard and successfully for aggressive development around the stations—miniature West Ends popping up like beads on the strings of rail.[22]

"Living in apartments or condominiums, especially high rises, is not for everyone," Gordon says. "But it is an option in much greater demand than is commonly recognized. Most new apartment and condo buildings within walking distance of downtowns—whether in Vancouver, Seattle, or Portland—fill almost immediately."

Market research conducted for the Puget Sound Regional Council in greater Seattle shows that while three-fourths of people prefer detached houses to higher-density options, most people care more about the quality of the neighborhood and owning their own home than they care about housing type. In the right circumstances, more than 90 percent would trade low-density living for high-density neighborhoods—some would move into high-rises, others into low-rises, town houses, or detached houses on small lots. Where in-city town house and condominium development make homeownership more affordable, for example, buyers are already abundant. Other powerful magnets include good neighborhood schools, a sense of community, local parks and a feeling of openness, good transit service, neighborhood shops, and—most important by far—low crime rates. Indeed, fully one-third of low-density dwellers in greater Seattle would enthusiastically move into a medium- or high-density neighborhood if they felt safe there. Vancouver's West End has all these features. Indeed, violent crime rates in Vancouver are a small fraction of those in the United States.[23] **❽ Fight urban crime.**

Despite the market demand, neighborhoods throw up political barriers to development. Neighborhoods of single-family houses are vehemently opposed to multifamily buildings, especially rental units. In community meetings throughout the region, the words "high-rise" are spit like a curse. Most single-family neighborhoods even object to homeowners renting out excess space in their houses as accessory apartments—"granny flats" or "mother-in-law apartments," as they are sometimes called. In many low-density neighborhoods in the Pacific Northwest, adding two granny flats per block would be enough to push the area into the medium-density population range.[24]

The root of this sentiment, Gordon believes, is "fear of 'the other.'" House owners assume apartment dwellers are poor and a danger to property values. "The problem is that when we hear the word density . . . we think of crime-infested public housing

Location-Efficient Mortgages

A minor modification of mortgage-lending rules written by independent banks and government-sponsored mortgage guarantors, such as the Federal National Mortgage Association (Fannie Mae), could help the affordability of urban housing. These homes are often more expensive than suburban housing because they are close to jobs and city amenities.

Households in urban neighborhoods can often shed a second or third car, however, saving an average of $300 a month for each. Mortgage rules should allow them to spend some of these savings on a more expensive home. Fannie Mae already has a similar program for energy-efficient houses. Buyers of certified efficient houses are allowed to borrow more than buyers of other houses since the saved energy expenses allow higher mortgage payments. **⑨ Factor auto dependence into mortgage qualification rules.**

Location-efficient mortgages would help both buyers and existing owners since some of the increased borrowing power would be capitalized in higher property values. This would create an incentive for neighborhoods to improve their "location efficiency" by recruiting shops, workplaces, and other development and by lobbying for better transit service.[25]

projects—vertical slums." What northwesterners ought to think about, Gordon suggests, is the West End. Or Paris, which has three times the density of Seattle. Or Amsterdam, Copenhagen, London, Munich, Rome, Stockholm, or Vienna—all places with vastly higher density than Portland or Vancouver. In these cities, fewer than half of all trips are taken by automobile, not the 90 percent found in Northwest cities.[26]

As dusk falls, Gordon sprints two blocks up Denman, chasing a bus that is headed for one of the new West Ends he has helped create as a member of the city council: Yaletown—a derelict warehouse district half converted to a mixed neighborhood of youth clubs, restaurants, art shops, and condominiums. The streets in the new zone have a raw feeling absent in the West End. "The trees and landscaping will take about ten years to fill out," he laments. "And these buildings are a little too massive and uniform. But every building that's been finished has filled immediately. And when the new neighborhood is done, there'll be another West End's worth of people here."

Then, standing out of the rain under another canopy, Gordon reveals his grand political strategy. "What happens when all these developments are completed? Think about it. The business district will be surrounded by pedestrian neighborhoods. They will become politicized. They won't want high-speed through-traffic in their neighborhoods." They will say "Enough!" to the 175,000 cars that drive into their city each day. They will become a pedestrian voting bloc. **⑩ Surround downtown with pedestrian voters.**

Throughout the Pacific Northwest, people like Gordon Price are working to envelope people and cars in a richer and more varied urban landscape. Block by block, zoning hearing by zoning hearing, they are fighting to refashion their cities, aiming for a future where cars serve communities, not the other way around.

From Portland through Seattle to Vancouver, the Northwest's major cities are engaged in far-reaching planning efforts—all of which are strikingly similar, at least in the vision they paint of the future. According to this new vision, most population growth will concentrate in central cities and in satellite hubs rather than in undifferentiated sprawl. Downtowns will once again be ringed with dense middle-class neighborhoods, with low-income and high-income housing mixed throughout rather than concentrated in pockets.[27]

New development will be mixed use rather than monocultures of residences, shopping palaces, or office parks. Streets will be designed to accommodate pedestrians, bicyclists, buses, and trolleys as well as private cars. Express buses and rail transit will knit the city together internally and connect seamlessly to intercity train stations, bus terminals, and airports. Each transit station will be surrounded by tightly clustered workplaces, shops, and apartment buildings, moving outward to town houses, and finally to detached houses on small lots. Minibuses will circulate from each transit station, further strengthening the sense of community. Telecommuting, teleshopping, and video-conferencing techniques will make mouse-and-modem the preferred vehicle for some trips. And information technology ranging from pocket beepers to the World Wide Web will allow quick trip planning and carpool coordination.[28]

This vision is the officially sanctioned hope at least. Whether it will come to be is another question.

THE PROBLEM

SPRAWL

Sprawl has three defining characteristics. It is a lightly populated urban form: there are fewer than twelve people per acre. It is a rigidly compartmentalized urban layout: shops, dwellings, offices, and industries are kept separate, as are different types of each, so apartment buildings and detached single-family houses do not mingle. And it is an urban form with a branching street pattern: small streets begin at cul-de-sacs and feed only into progressively larger streets until they meet high-speed thoroughfares.[29]

What is wrong with sprawl? Four things: it is expensive, dangerous, antienvironmental, and antisocial.

First, expensive: sprawl burdens the economy. In sprawl, everyone has to have his or her own car. On average, that costs $300 a month per car. Americans at the median income work twenty-seven hours a month paying for the thirty-two hours a month they spend driving (and some of the time, they are commuting). True average driving speed works out to seventeen miles per hour—comparable to the thirteen miles per hour traveled by typical bicyclists.

Sprawl requires longer and wider roads, more sewer pipes, more electric and water lines, more television cables, and more storm-water drains. Extending this infrastructure to each new dwelling on the edge of an existing neighborhood—assuming housing is built at urban densities of twelve units per acre—costs about $23,000. In suburban-style tracts with three houses an acre, the cost of infrastructure rises by half. In "exurban" developments—those tucked into the countryside beyond the suburbs—the cost doubles.[30]

Sprawl necessitates more and bigger garages, and more public parking spaces, each built for upward of $1,000 plus whatever the land costs; in parking garages, construction costs are more likely $15,000 per space. Sprawl pushes fire, ambulance, and police services to their limits. It makes trash and recycling collection—and postal delivery—more expensive. It lowers the effectiveness of workers and businesses because it leads to traffic congestion: in the Seattle area, time and fuel lost to traffic jams is estimated to be worth $740 million a year.[31]

The increased frequency of car crashes sprawl leads to puts a huge burden on the economy: the insurance and medical costs incurred from car wrecks, and the wages lost, siphon roughly $8 billion a year from the region's economy. (In fact, crashes are such an economic drain and so many are caused by young drivers and drunk drivers that raising the driving age to eighteen, making transit free for all minors, and stiffening drunk driving laws would likely boost productivity and employment rates.)[32]

Sprawl makes affordable housing difficult to find near workplaces and increases commute times. It reduces the productive rural land base: sprawl around Vancouver comes at the expense of the best farmland in British Columbia; likewise, Portland sprawls into some of Oregon's most fertile land. All these costs drag down the economy, suppressing real incomes.[33]

Taxpayers pick up the tab for billions of dollars of these increased costs because governments subsidize both driving and sprawl with handouts, tax breaks, and uncompensated services. Sprawl is even a losing venture for local governments: a 1993 review of research literature showed that residential development on farmland is usually a drain on government revenue because the increased property taxes and development fees do not cover the extra costs of public services. Even shopping center development is often a revenue loser, counting the extra police and fire service required and the unplanned strip development that tends to follow.[34]

Sprawl's other deleterious effects, from pollution to the deteriorating cohesiveness of communities, also tend to create problems that increase tax burdens. One-third of injuries caused by car crashes in the United States, for example, result in expenditures under federal medical assistance programs, according to the U.S. Department of Transportation.[35]

Sprawl is dangerous. It undermines public safety and makes national security precarious. It makes people drive more, and driving is among the most dangerous things people do. Since 1980, motor vehicles have killed almost 31,000 northwesterners and injured more than 2 million—far more than have died or been injured as a result of violent crime. Tragically, people often flee crime-ridden cities for the perceived safety of the suburbs—only to increase the risks they expose themselves to.[36]

Because of strong psychological reactions to what criminologists call "stranger danger"—the fear of random, malicious acts—people tend to overestimate the risks of crime while dramatically underestimating the risks of driving. Crime rates per capita in Seattle, for example, vary surprisingly little across all types of neighborhoods, and most crimes are committed by acquaintances, not strangers. Still, in the extreme case, the per capita rate of violent crime might be one-tenth as high in a distant suburb—say Issaquah—as in a close-in urban neighborhood—say Queen Anne. Consider, however, that the risk of an injury-causing car crash—already a more serious risk than crime for the Queen Anne dweller—roughly quadruples in Issaquah. It does so because residents of distant suburbs commonly drive three times as much, and twice as fast, as urban dwellers. All told, city dwellers are much safer.[37]

Sprawl is also bad for public safety because it reduces the number of watchful eyes on the street. There is even a possibility that sprawl is related, tangentially, to domestic violence. A national study of violence against children in the United States found that neighborhood cohesiveness—households' sense of belonging to their community—was among the most important defenses against child abuse. And sprawl is designed for privacy, not community. That same failing may be contributing to the emergence of youth gangs in middle-class suburbs. Lasting personal connections with responsible adults, whether parents, ministers, or neighbors, are the best safeguard against destructive influences on adolescents. Yet, as youth-violence specialist Delton Young writes in the *Seattle Post-Intelligencer*, "Everything about the way our suburban towns are built discourages cohesion among families, neighbors, and communities. . . . If we tour through large sections of the Lynnwoods, the Bellevues and the Federal Ways, we might well ask, 'Why wouldn't a kid join a gang, growing up here?'"[38]

This form of development is even bad for national security because it creates auto dependence, and auto dependence translates into oil consumption levels that can only be supplied through large petroleum imports. The Northwest's motor vehicles account for three-fourths of all petroleum consumed in the region. Securing the region's cities therefore requires defense of distant oil fields and supply routes. These include political hot spots like the Middle East. In the 1980s, annual U.S. military budgets were approximately $40 billion higher than they would have been if the Middle East had not been a national security interest.[39]

Sprawl increases pollution and resource consumption. Because it induces so much driving, sprawl is bad for the air, human health, and the climate. Canadian cities such as Vancouver emit twice the greenhouse gases per resident that Amsterdam releases, mostly because of sprawl. And Seattle and Portland emit half again as much per capita as Vancouver.[40]

Sprawl boosts the amount of land, water, and energy required to provide for each inhabitant of an area. Because of sprawl, greater Seattle's developed land area, for example, grew more than twice as fast as its population between 1970 and 1990. By the end of this period, metropolitan Seattle was overtaking nine square miles of woodland, farmland, and other open space each year. In the Vancouver region, sprawl was advancing too, although less than half as quickly, according to data for the mid-1980s.[41]

Overall, in Idaho, Oregon, Washington, and western Montana, the area of developed land grew faster than population in the decade leading up to 1992. Development overtook an acre every nine minutes during this period—nine hundred square miles in total. Sprawl fills wetlands; nearly 70 percent of the tidal wetlands in Puget Sound are lost, mainly to suburban development. It rearranges shorelines, dikes rivers, increases storm-water runoff and sewage overflows, and otherwise alters the chemistry and structure of aquatic habitats.[42]

Sprawl ruins streams: paving and building on just 15 percent of a watershed's surface area—a percentage reached at an extremely low population density—so affects water-flow regimes that it pushes most stream ecosystems out of whack. Diverse forms of insect, fish, and plant life give way to impoverished arrays of weedy, stress-tolerant species. For example, coho salmon—an endangered species in much of their range—are seldom found when impervious cover exceeds 15 percent. In western Washington, some biologists suspect sprawl—and the changes in local water-flow patterns it brings—as a cause of steep declines in certain native frog populations.[43]

Sprawl increases the consumption of water, used to irrigate big lawns and wash multiple cars. It compounds energy consumption for heating: the clustered buildings and apartments common in cities shelter each other from the cold, but detached suburban buildings do not. And sprawl escalates gasoline consumption.[44]

Sprawl erodes civil society—the human glue of democracy. It aggravates social and economic inequality and frays community cohesiveness. Sprawl makes owning a car a necessity of life, which can transform a low income into a poverty income. It also siphons customers away from inner-city groceries, which raises local food prices and again makes poverty more expensive. It draws jobs, investment capital, and tax base from urban to suburban areas. The flight of the successful leaves behind neighborhoods short on role models, local businesses, volunteers for the community center, homeowners, contributors to the PTA, and hope. And these abandoned neighborhoods are prone to succumb to the concomitants of poverty—welfare dependency, teen pregnancy, violence, and school failure. Completing the vicious circle, these in turn speed flight to the suburbs by those who can afford to go.[45]

It is not just the poor who suffer from the inequality of sprawl. It hurts people who are unable to drive, including children and some of the elderly and the handicapped. Sprawl can become a sentence of isolation and immobility for senior citizens. Low-density urban plans, the American Association of Retired Persons writes, "make older persons heavily dependent on automobiles to conduct basic tasks such as grocery shopping or visiting the doctor, even as their desire or ability to drive diminishes." Likewise, kids in sprawl cannot walk or ride their bikes to school or friends' homes because of the traffic and the distance. By isolating children, sprawl turns parents into chauffeurs.[46]

Sprawl saps the sense of civic community—the notion people have that, despite their diversity, they are all in it together. It limits interaction between classes, ages, and races. It arranges people geographically according to their economic standing because apartment buildings, row houses, and detached houses are seldom mixed. This insulates the affluent from fellow citizens who are poor and isolates the poor from the social networks that bind the affluent. Physical segregation wreaks havoc on fellow feeling.[47]

Sprawl is bad for community in the more general sense of neighborliness too. When everyone is driving, there is little chance of striking up casual conversations. Americans now typically spend eight hours a week in their cars. And there is less space where community might blossom: the walkable public realm is swallowed by cars and structures oriented toward them. Roads, parking lots and garages, and other automotive facilities absorb as much as a quarter of urban space in Northwest cities.[48]

The landscape of sprawl does nothing to entice people into the public realm where community might develop. It is designed for consumption at highway speeds. Architectural detail and graphic subtlety—the aesthetic rewards for lingering in public spaces—become irrelevant. All that matters is whether a driver can recognize a place of commerce from far enough away to get into the turn lane. This has the insidious effect of favoring chain stores with distant owners over locally owned businesses with human ties to place; this tendency, in turn, accelerates the concentration—and uprooting—of wealth. Sprawl is also bad for community identity, which is established partly by the shared understanding of unique assets such as historic buildings and squares. These fare poorly when it is so cheap to move to strawberry-tinted office parks out by the freeway.[49]

For all these reasons, sprawl makes the practice of democracy—the formal processes through which communities govern themselves—difficult. Where a sense of community is lacking, democracy devolves into a game of least common denominators. Worse, sprawl puts jurisdictions that cover small parts of a metropolis into active competition with each other for jobs, tax base, and federal funds.[50]

Is sprawl good for anything? It is good for scores of industries, ranging from oil companies and car makers to lube shops and drive-through restaurants. It is good for speculators in real estate. And, because buying influence is a normal cost of business among real estate speculators, it is good for campaign contributions. Real estate interests put up 5 percent of the contributions to state legislative races in Washington from 1990 to 1994—twice as large a share as even the big-spending timber industry. They likely accounted for a much larger share of contributions to candidates for city and county offices, where critical land use decisions are made. And they bankrolled most of the anti–land use planning "takings" legislation and initiatives across the Northwest during 1994 and 1995. Perhaps this influence explains why sprawl continues despite the best efforts of urban planners.[51]

THE ORIGINS

POLITICS

How did the Northwest end up burdened with its present urban design? Some argue that it was the result of millions of people's informed decisions interacting in a free and fair marketplace. To try to change it, they contend, is "social engineering." A look at history suggests otherwise: government policies have been as important as market forces in shaping the urban Northwest.

In the 1890s, two new inventions—electric streetcars and bicycles with inflatable tires—came on the scene in force. Together these allowed the working class—previously the walking class—an unprecedented gain in travel speed. From trudging around town at roughly three miles an hour, they accelerated to about twelve miles an hour. Automobiles in city traffic do not go much faster today. Streetcars gave form to booming Portland, Seattle, and Vancouver, channeling growth along densely built corridors radiating from the town centers. Streetcar neighborhoods from this era remain the most walkable, and in many cases the most sought-after, addresses in the region: the West End of Vancouver, Madison Park and Capitol Hill of Seattle.[52]

Then came the motor car. At first, its effect was narcotic. In the wide-open Northwest, cars sold like hotcakes. They increased in number from essentially nil at the turn of the century to nearly 1 million in 1929 (see Figure 3). The automobile offered individualized mobility at (were it not for traffic) unimaginable speeds.[53]

By the 1920s, local and national governments besieged by auto industry lobbyists were prying up cobblestones, extending and widening streets, installing traffic lights and signs, motorizing police forces, and regulating streetcars that competed for road

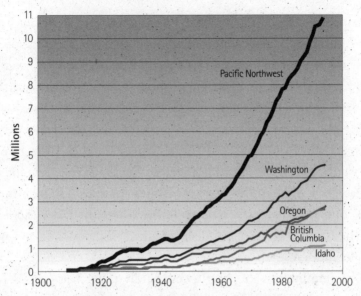

Figure 3. Motor Vehicles, Pacific Northwest, 1900–1994
Growth of vehicle numbers has been rapid.
Sources: see endnote 53.

space. By 1923, all Northwest jurisdictions had enacted motor fuel taxes solely dedicated to financing roadwork. Later, when British Columbia, California, Idaho, and Washington enacted sales taxes to finance the general functions of governments, all but California exempted motor fuels on the spurious basis that motor fuels were already taxed.[54] **⓫ Don't exempt gasoline from retail sales tax.**

When the Depression hit in 1929, the U.S. government began pumping billions of dollars into road construction, battling a slack economy with miles of asphalt. Similarly, the Federal Housing Authority (FHA) began to shovel money into construction. It favored the reliably uniform new houses going up outside of town. Row houses, duplexes, and anything else where people shared walls had a harder time qualifying for FHA loans.[55]

Meanwhile, entire neighborhoods of old city houses, increasingly occupied by people with African or Asian ancestors, were disqualified outright. The practice was called redlining. And it was only the latest flavor of discrimination used to segregate people by their skin color. In the Central District of Seattle, the Northwest's largest African-American neighborhood, redlining was one in a series of kinds of housing bias. In the 1920s, city elders wrote restrictions into homebuyers' deeds in white neighborhoods forbidding them from selling to "undesirables." In the 1940s, these "restrictive covenants" were replaced by "voluntary agreements." In the 1960s, these too were banned, but private banks and insurance companies had picked up redlining where the FHA had left off. The Central District was deemed a bad risk: no loans, and no homeowner's insurance.[56]

Car numbers in the Northwest hardly grew between 1929 and the end of World War II, but New Deal housing and road building policies had an enormous impact on the U.S. Northwest after the war. Wartime industries and military bases oriented toward the Pacific had brought hundreds of thousands of people to the region. Many of them stayed afterward, using FHA and new Veterans Administration loans to buy cheap houses in the suburbs. In the decade after World War II, roughly half of U.S. home sales were financed through these government-insured mortgages.[57]

A provision in the federal income tax code grew to be an even more powerful stimulant to sprawl than home financing. The interest on home mortgages became tax-deductible. Every dime an owner paid to a bank in interest on a home loan could be subtracted from his or her income before calculating the taxes due. As personal income tax grew to become the principal source of federal money, the incentive to buy bigger, more expensive houses—which often meant suburban mansions—increased. This loophole is one of the largest handouts in the U.S. tax code, and a huge indirect subsidy to sprawl.[58] **(12) Eliminate the mortgage interest deduction.**

In the postwar boom years, rapid growth in personal income, combined with two additional stimulants to sprawl, raised car numbers in the Northwest from barely more than 1 million at war's end to nearly 6 million on the eve of the oil embargo in 1973.

The first stimulant was decentralized: beginning in the 1950s, civil engineers began packaging generic zoning and urban planning codes and distributing them to jurisdictions across the continent, which passed them into law. Sadly, the consequence was that the same suburbs began to appear everywhere: gas station–sized residential lots impossible to connect into walkable communities; off-street parking requirements that ensured most new retail buildings would be islands in seas of pavement; highway designs that consigned acres of open space to clover-leaf interchanges and yawning medians, along with mathematical models that "proved" the necessity of more expressway lanes than could possibly be built; and oversized neighborhood streets that swirled and twirled through curlicues, flourishes, and all the forms of the rococo masters.[59]

The second tonic to sprawl was highly centralized. In 1956, Congress approved construction of a national system of interstate highways. The interstates would form a network of divided, limited-access speedways of four or more lanes that would tie the country together, lubricate commerce, open the countryside, and let all Americans experience the convenience, exhilaration, and "freedom" of gunning their V8s. Freeways were a giant public works project, arguably larger than anything created by the New Deal. The federal funds, covering 90 percent of the tab, were spread among almost every congressional district in the country.[60]

Considering the gargantuan scale of the endeavor, debate over the interstate highway act was paltry. In Washington State, there was a brief effort to leave space for a rail transit line in the middle of the planned Interstate 5, but auto interests quickly squelched such talk. Indeed, few had anything bad to say about the freeways while they were being built, because nobody had any idea what they would do to cities.[61]

It was almost too late before some northwesterners realized that putting a freeway through your city to improve transportation is like putting a hole through your heart to improve circulation. Urban freeways sucked people, money, and vitality out of town; as the interstates were built, the cities deteriorated. The interstates were a monstrous, taxpayer-funded sprawl accelerator that turned the midcentury move to the suburbs into the largest migration in U.S. history. Freeways destroyed urban retailing by giving birth, first in Seattle, to the shopping mall—a saccharine imitation of Main Street that spread from one freeway interchange to the next like an infectious disease. (By the late 1980s, the Northwest's shopping centers outnumbered high schools, and a new breed of retailers called superstores—discount establishments the size of airplane hangars—had successfully implanted themselves alongside other freeways.)[62]

The 1970s were a period of uncertainty for the car. It was being criticized for the first time for its environmental faults even while the price of its fuel was gyrating wildly. After the Soviet invasion of Afghanistan, President Carter declared that any attempt by a foreign power to consolidate control over Middle Eastern oil fields would be taken as an act of trespass against the United States. The Pentagon began to spend tens of billions of dollars each year keeping ready to fight wars in faraway deserts. Yet cheap imported vehicles and a demographic revolution were pushing auto numbers up more quickly than ever before or since.[63]

Middle-class women joined their working-class sisters in the labor force and, given the already dispersed form of Northwest cities, the change meant second cars for millions of families. From 1973 to 1980, the car population rose from less than 6 million to almost 8 million. During this time, government regulations were making cars cleaner and more fuel efficient. When fuel prices finally dropped in the mid-eighties, the real cost per mile of fueling an automobile was lower than ever before, setting the stage for even more driving.

In the 1980s, President Reagan deregulated the savings and loan industry, freeing hundreds of thrift institutions to invest in exurban office parks and strip malls. This act gave another subsidy to sprawl since the federal government was underwriting the loans through its deposit insurance. In the mid-1980s, new shopping centers were opening nationwide at the rate of one every four hours. Many were white elephants that quickly failed, pulling down scores of thrifts. The debts—projected to reach $150 billion by the year 2000—began landing on the U.S. Treasury. Meanwhile, regulators stepped in and auctioned off the exurban commercial and retail space at liquidator prices, undercutting urban buildings that had not benefited from the bail out. Sprawl had again been served and, adjusting to the new requirements of life, the people of the Northwest bought more cars, bringing the total to more than 10 million by 1990.[64]

Then came the 1990s, and a fast-forward replay of the previous two decades: in rapid succession there was an oil war in the Middle East, a flowering of environmental consciousness and support for limits on sprawl and investment in rail transit, and a political pendulum swing to the right. All the while, motor vehicle numbers surged upward, with the speediest growth among fuel-guzzling four-wheel-drive passenger trucks. Speed limits were raised, suppressing the operating efficiency of the region's vehicle fleet and boosting traffic deaths. By 1994, British Columbia, Idaho, Oregon, and Washington together had 11 million motor vehicles for 10 million licensed drivers. They also had roughly 25 million parking spaces—all of them connected by 220,000 miles of public streets and highways, enough to circle the globe nine times.[65]

Was sprawl inevitable? No. Political leaders chose it. Look at the difference in decision making for rail transit and highway construction. The United States, and to a lesser extent Canada, chose to invest in—and subsidize—cars and roads rather than cities and transit. No voters anywhere ever approved the interstate highway system or the state and provincial highways constructed at taxpayer expense. And no amount of local initiative could turn that tide. The voters of greater Seattle, for example, were asked in 1958, 1962, 1968, 1970, 1988, and 1995 whether to rebuild its rail transit system. A majority usually voted "yes," but never by the 60 percent margin required for approval of bond measures. Portland, with different voting rules, finally succeeded in reseeding rail in the 1980s, but on a scale that could hardly compete with the road infrastructure.[66]

Was sprawl inevitable in the Northwest? Look at Portland's example. Downtown Portland is probably the best case of urban planning in the western United States, combining all the elements of successful cityscapes from near and far: small blocks with shop windows and small businesses at street level, narrow streets, crosswalks laid in brick to demarcate the realm of pedestrians, parks, fountains, statues sprinkled throughout, and, above all, a vibrant mixture of uses—offices, stores, and residences—and of classes—rich, middle, and poor. Some of this came about fortuitously, but most of it was won in pitched political battles.[67]

The definitive phase of warfare was probably over the proposed Mount Hood Freeway, a leg of the interstate system that would have bulldozed 1 percent of the city's housing. A grassroots coalition rallied to block the freeway in the late 1960s and early 1970s. By all accounts, it was a contest for the soul of the city, pitting a generation of young turks against the old-guard proponents of progress by civil engineering. The turks prevailed.[68]

Under the leadership of Republican Governor Tom McCall, Oregon then passed the nation's firmest farmland protection and growth management law in 1972, and Portland set about doing the opposite of everyone else—a pattern that has since continued. In the 1970s, when other cities were condemning whole neighborhoods to put in freeways, Portland was demolishing an expressway along the Willamette in favor of a two-mile riverfront park. When other cities were approving scores of downtown parking garages, Portland put a moratorium on downtown parking growth and converted a parking lot into a town square. That quadrangle, Pioneer Courthouse Square, has become the hub of the metropolis.[69]

During the Reagan administration, while other cities were slashing bus service, Portland reinstalled tracks in its streets, breaking ground on a light-rail system called MAX. Wildly popular, MAX has since gained the approval of Oregon voters by lopsided margins each time it has sought additional funds. Portland paid attention to the details: to prevent delays at each stop, for instance, MAX has trackside wheelchair lifts rather than onboard ones. New lines, furthermore, will have low-floor cars, so passengers will not even have to climb steps to board the train. (In 1995, B.C. Transit began adding low-floor buses to its fleet for the same reason.) To further speed the system, Portland dispensed with fare collection. Tickets are sold by vending machines on the platform. To ensure compliance, transit police randomly board trains and write stiff fines to anyone who does not have a valid ticket. All these steps have helped because time is the currency of transportation.[70]

Meanwhile, within its downtown, Portland made buses free, put up shelters at all stops, installed closed-circuit television monitors with up-to-the-minute bus schedules, and took a main arterial back from cars to make a central transit mall. Dedicating the

Make Way for Transit

Slowly but surely, the Northwest is recognizing that for transit to compete with cars, buses must move as quickly as possible through traffic. The symbol of the failure to do so is the common sight of a bus with 60 passengers stuck in a line of cars. Portland has a buses-only street; Seattle has an express tunnel through downtown for commuter buses. But these are just the beginning of what is possible. Some buses in Kitsap County, Washington, have radio transponders that instruct traffic signals to turn green, and Seattle is beginning to test these on some routes. Ideally, buses should never be faced with red lights. Similarly, transit vehicles should have the right of way when merging into traffic from a stop. That principle is now the law in Seattle, but it is unenforced and unknown to most drivers. Experience in Curitiba, Brazil, shows that a network of dedicated bus lanes, low-floor buses, curbside fare collection, and raised boarding platforms works almost as well as a rail transit system, and for a fraction of the cost.[71]

downtown to people on foot, they also largely stopped enforcing jaywalking laws. All the changes made a difference. Between 1970 and 1990, the number of jobs downtown increased by half, the share of downtown workers riding transit rose to more than 40 percent, car traffic entering downtown stabilized, and the air got cleaner.[72]

Outside downtown, Portland was promoting multifamily housing and declaring war on traffic. Earl Blumenaur, public works commissioner from 1986 on, earned himself a reputation as the Earl of Speed Bumps. He had city workers begin installing speed bumps, speed humps, traffic diverters, traffic circles, and street-narrowing curb "bubbles" almost on demand. Said Blumenaur, only the fire department—which does not like to slow its million-dollar trucks for anything—stood between him and speed bumping the entire city. (In 1995, the city of Boise caught speed bump fever from Portland, installing sixty-two in the first half year alone and watching traffic velocity drop by a quarter at each bump.)[73] **13** **Calm traffic.**

In 1994, Portland citizens began putting a fleet of 450 brightly painted community bicycles on the streets, quickly inspiring imitators in Salem, Oregon, and Victoria, B.C. The wide-ranging two-wheelers are free to use and left where they fall until someone else needs a ride. The idea is usually said to have come from Europe, but a similar system has been used inside the Boeing Company's giant production facilities around Puget Sound for decades.[74]

Was sprawl inevitable? Compare British Columbia with the American Northwest. British Columbia was less enamored of the automobile. Canada never built an interstate: the country has a quarter as many lane-miles of urban freeway per capita as the United States. British Columbian drivers pay higher taxes on vehicles and fuels than other northwesterners, get no income tax deduction for mortgage interest, and pay more for auto insurance, too. They use a road network two notches less developed than that south of the border. They cannot go quite as fast. Consequently, cities—while still far from compact enough for sustainability—are less sprawled (see Table 1). Vancouver has fewer auto-dependent residents, more multifamily dwellings, more use of transit, fewer cars per person, and less driving per person. In the 1980s, greater Vancouver converted less rural land to urban uses for every additional thousand residents than any other Canadian metropolis. And it was sprawling at one-third the rate of Seattle, despite comparable population growth.[75]

The fate of Interstate 5 illustrates the differences within the region. In Seattle, the freeway cuts a canyon through the heart of the city from north to south, swelling to as many as sixteen lanes and two decks, bisecting downtown, hardly turning, rearranging

Table 1. Indicators of Auto Dependence, Metropolitan Northwest, Early 1990s

Vancouver's compact form translates into higher transit ridership, a smaller vehicle fleet, and substantially less driving.

	Greater Portland	Greater Seattle	Greater Vancouver
Share of population in low-density neighborhoods	89%	91%	55%
Single-family houses as share of all residences	69%	68%	49%
Monthly transit trips per person	5	3	9
Motor vehicles per hundred people	85	79	60
Daily vehicle miles per person	24	24	15

Sources and definitions: see endnote 75. One kilometer = 0.62 mile.

the city according to the dictates of what traffic engineers call "high-speed geometrics." In Portland, the freeway veers wide of downtown, skirting its periphery and not exceeding eight lanes. In Vancouver, the continuation of I-5, Highway 99, turns from a limited-access expressway to an average-size arterial street when it crosses the city limits.

Was sprawl inevitable? As Henry Richmond, former head of 1,000 Friends of Oregon, and Saunders Hillyer of the National Growth Management Leadership Project in Washington, D.C., write, "Sprawl was not decreed by God, nor is it an immutable expression of the American character, love affair with the automobile, or dream of a house in the suburbs. To a great extent it has been shaped by public policies." Governments—not the invisible hand or the American Dream—gave the Northwest sprawl. And governments can give the Northwest something better.[76]

SOLUTIONS

THE TOWN

Vancouver's West End shows how the heart of a city can be, but it says nothing about what to do in a suburb. On the edges of greater Portland, the answer is emerging: Fill it in, mix it up, reconnect it. Turn it into a neighborhood. Not necessarily a high-rise neighborhood like the West End but something like an old-fashioned town—or an old-fashioned streetcar neighborhood. In the Northwest, this idea of filling in the urban universe with walkable, low-rise neighborhoods goes by several names, including "urban villages," "mixed use, medium density," "transit-oriented development," and "pedestrian pocket."

As exemplary as Portland's downtown is, its suburbs are hundreds of square miles of compartmentalized, low-density sprawl. And greater Portland is expecting a million newcomers in the next few decades. Its next challenge lies in Washington County, the frontier of sprawl west of town that is a farm district growing bumper crops of winter wheat, berries, fruits, nuts, and wine grapes. On this fertile soil, road builders want to pour concrete around the city to form a Western Bypass route. A group of grassroots opponents named Sensible Transportation Options for People (STOP) took issue with that plan and started to make a ruckus. Eventually, other groups were drawn to the cause, including the state's veteran land use planning advocate, 1,000 Friends of Oregon, or "Thousand Friends." The group decided to make Washington County a test case, so it brought in experts from across the country to cook up a less auto-bound alternative.[77]

The resulting plan goes by the acronym LUTRAQ, for Land Use, Transportation, and Air Quality. Under the LUTRAQ banner, the experts proposed a future for a hundred square miles of Washington County that would look like the old streetcar neighborhoods. They meticulously revised the transportation models that aid government planners in Oregon. These widely used computer-simulation models are good at projecting car traffic under conventional suburban land use planning because they assume that people do not walk anywhere, which might as well be true in such settings.

The experts used the revised models to compare the LUTRAQ option with the bypass-plus-conventional-land-use option. In the computer simulation, LUTRAQ reduced total driving, the share of driving that was done alone, traffic accidents, traffic congestion, the share of households with more than one automobile, and per capita consumption of gasoline. It also allowed twice as many children to walk and bike to school.[78]

Meeky Blizzard, one of the instigators of STOP, is touring the route of the proposed Western Bypass and talking, over the traffic noise, about LUTRAQ. She begins on the Sunset Highway, a corridor of industrial parks where Intel, Sequent, and other high-tech firms have been setting up shop. The county is pining for more and has laid miles of new road network across vacant farmland as an inducement for firms to move there. Almost everyone who works in this "Sunset Corridor," Meeky says, drives here from other counties. The wages in these plants are fairly low, and for decades Washington County sought to exclude affordable housing to prevent poor people from moving in.[79]

The LUTRAQ solution to the Sunset Corridor, Meeky says, is a simple, if radical, idea: "Put the housing and the jobs in the same place." Once, industrial zones needed to be kept far from housing because they were full of smelly factories that menaced public health. But today, many high-tech facilities pollute less per acre than a housing development. After six years of pressure from

STOP, Meeky proudly notes, "The radical thoughts are coming back to us from the folks who have the microphone." Affordable housing is now part of the plan for Washington County.

The next stop on the sprawl tour is the Tualatin Valley Highway, a major east-west route connecting Portland to fast-growing Forest Grove. It is run-of-the-mill commercial strip. "Imagine getting off a bus here," Meeky says. "There's poor lighting, two lanes in either direction, and a suicide lane in the middle. For bus stops, there are no shelters—just signs on telephone poles beside the ditch. And the traffic lights are easily a quarter mile apart. The fire and rescue people call this Big Gulp Gulch because people are routinely hit going across the street to the 7-Eleven. And despite how hard it is to take the bus here, this particular bus route has one of the highest riderships in the system." The residential areas nearby house many families who cannot afford second cars.

On the surface, Meeky says, LUTRAQ's plan for here is simple: "The pedestrian infrastructure is not complete—no sidewalks, no crosswalks, no bus shelters." This problem is widespread. Throughout the Northwest, sidewalks are too narrow; they should allow three people to walk abreast comfortably. In Seattle, fully one-third of streets lack sidewalks, and in many suburbs, sidewalks are absent.[80] **(14) Complete the pedestrian infrastructure.**

There is a bigger issue on Tualatin Valley Highway, too—what Meeky calls "building orientation." Regional planning rules in greater Portland say that new commercial buildings must be located the "minimum practical distance from the street," but on commercial roads like this one, most stores sit behind their parking. Big retailers such as Wal-Mart and Safeway customarily stand 500 feet from the curb, which makes walking to them a bit like crossing a firing range. LUTRAQ, Meeky says, would put all commercial buildings at the sidewalk. According to research by Thousand Friends, putting all commercial buildings at the street, with parking facilities tucked underneath or behind, reduces driving per person in a neighborhood by 15 percent.[81]

The next stop is zoned residential, a housing tract called the Highlands. "Take a look at this," Meeky says, shaking her head and pulling off the highway. It is a street of brand-new houses, or more precisely, of brand-new garages. From her vantage point, she can see the driveways spreading out from the street and the double garage doors lining up toward the horizon. "Can you see any front doors or porches?" None are visible. "For all you know, cars live here. 'Snout houses' is what a friend of mine calls them. The only way to figure out which one is yours is to go down the street pressing your garage door opener." Front porches, according to Meeky, are built on the assumption that people will be arriving on foot. They are superfluous here because no one could possibly arrive on foot. You can hardly even leave this subdivision without an automobile. **15** **Build front porches.**

The LUTRAQ answer to the Highlands is in evidence at a place called Tualatin Commons, a pedestrian pocket in the city of Tualatin. It is a tight cluster of town houses, flats, and single-family homes—some of them with porches. They face inward on a shared open space as buildings do in some New England villages. Paths crisscross the community and parking is concentrated at the rear. A community center is planned, along with office spaces and foot paths to stores and transit stops. LUTRAQ calls for communities like this one at every light-rail station.

Meeky talks about gradually changing what is already built, too. Four decades of subdivisions need to be filled in, she says, first with granny flats, and later with smaller lots, town houses, and multifamily units mixed among the single-family ones. **16** **Fill in suburban neighborhoods.** They also need to be mixed-up, with pockets of stores and workplaces inserted into them. And finally, they need to be connected up: the maze of suburban cul-de-sacs needs to be turned into a functional grid. How is unclear, but maybe narrow, single-lane roads, pedestrian routes, transit-only streets, and other low-traffic rights-of-way would do the trick.

Resistance to these ideas is strong, but Meeky believes people will jump at the opportunity for change if they are confident it will be for the better. She proposes a participatory approach that works slowly and meticulously, block by block, fixing easy problems first and building trust all around. She cites Portland public works commissioner Earl Blumenaur, for example, for his "neighbor walks." He hijacks a few city staff members, invites a photographer, and meets local residents for a Saturday walk around the neighborhood. Together they look at problem street corners, vacant lots, school zones, and traffic patterns, and they plan improvements. She points to the Hillsboro Vision group, a citizen committee that has helped the neighborhood of Hillsboro create a shared vision of what their neighborhood should look like after the inevitable development comes—and has gone on to embed that vision in the city's comprehensive plan. **17** **Hold a community meeting to develop a shared vision of the future.**

Vision is crucial, Meeky insists. It is also unifying. People from the city and the suburbs all want the same things: safe, convenient neighborhoods with a sense of community. "What we're talking about isn't from outer space; it's something old and well liked. It's the kind of thing that people fly to Europe to see."

Terry Moore agrees. A member of greater Portland's governing Metropolitan council, she led public workshops with hundreds of business leaders, elected officials, and citizens during 1994. At each one, she asked participants to list the things their communities should have in fifty years. "When people put down everything they want, they get a city that's many times more dense than we could ever imagine" based on projected population growth. "They want to have a movie theater. They want to have their

shops, and restaurants, and Starbucks. And they want to be able to
walk. And they want to have a community center. And they want
to have apartments. And they want to have jobs" in their communities. Above all, they want safe places for children to play.[82]

On the other end of metropolitan Portland, the city of Gresham
is putting the pieces together. Mayor Gussie McRobert, arriving
at the Gresham rail station in a downpour, laments the hundreds
of feet of parking lots that separate the station from the nearest
building. When the MAX was built in the 1980s, she explains,
Gresham was so resistant that it put the rail line wide of the business core. "That was before I had any say-so around here," she says
with a smile. "Now the downtown businesses are kicking themselves. We're going to put town hall in that parking lot right next
to the station, and we're planning a 200-acre mixed-use development nearby." The market for mixed-use, medium-density real
estate close to MAX is red-hot, she says. "The only problem is the
banks won't finance higher density. I swear they are hidebound by
tradition."[83]

In the early 1990s, Gussie launched something called Gresham
Vision, a community-wide effort to define what kind of place
Gresham ought to be. The conclusion was compact development
surrounded by open space—especially on the lava buttes that ring
town. So Gussie put an open space rescue levy on the ballot and
used the $10 million proceeds to buy up property on the buttes by
the hundreds of acres. In town, she helped reduce the average size
of housing lots; "people don't want big yards anymore," she insists.
And she has pushed for well-designed higher density and mixing
of uses everywhere else she can. "If you don't do these things," she
explains, "you end up with nothing but asphalt."

The downtown business people "got the fever" of pedestrian-
friendly development. Now there are benches, trees, wider side-

walks, and traffic-calming "bubbles" in the center of town. Combining density with open space is working well. Gresham is booming, and the share of residents who work in town rather than commuting has increased to half over the past decade. Downtown business people have even begun coming to town meetings demanding greater density and reduced parking. For the future, Gussie wants more of the same, plus something more: "I want to put housing right in the middle of our office parks."

SOLUTIONS

PRICES

The tollgate raises its mechanical arm to let out another car, this one a steely gray sedan trailing bluish smoke. The auto pulls away from the darkened booth, glides up a ramp, and disappears into daylight. Leaning against a wall in the exhaust-filled garage, Todd Litman is watching the gate rise and fall. In the building above are the Victoria offices of the B.C. Ministry of Transportation and Highways. This is the underground parking for the province's high priests of motorized velocity, and a good place to ponder the cost and price of the automobile. The gap between the two is a principal cause of the tensions between the car and the city. Closing that gap is both a critical counterpart to effective land use planning and a powerful tool to promote compact land use.[84]

Todd, an economist and principal of the Victoria Transport Policy Institute, spends a lot of time thinking about closing the gap. "The financial price Northwest motorists pay for each mile they drive is 37¢, but the full cost is $1.05" (see Table 2.) By Todd's reckoning, motorists make nonmonetary payments—in time and in assuming the risk of accidents—worth another 34¢ per mile. "So motorists pick up two-thirds of the cost of driving." They bill other people, especially nondrivers, the poor, and taxpayers, for the remaining third. In economic terminology, these costs imposed on others are "external." At first, 34¢ in external costs does not sound like much; it's not even bus fare. But consider that vehicles in the Northwest travel about 100 billion miles a year.[85]

What offenses are counted in this 34¢ a mile? Todd ticks off the costs as the tollgate rises to discharge a sputtering Mercedes. The biggest costs—he tallies them at a nickel or more each—are air pollution, sprawl, congestion, accident risk imposed on others, and subsidies for parking. The smaller costs are worth pennies or fractions of pennies apiece. They include waste generation, water and noise pollution, land values lost to roads and parking facilities, and a litany of auto-related government expenses not fully recovered from fuel and vehicle taxes—such as road construction and maintenance, military protection of oil fields and supply lines, traffic policing, and emergency services at auto accidents.[86]

To calculate these figures, Todd has synthesized the findings of thousands of scholars and had his analysis scrutinized by scores of

Table 2. Estimated Full Cost of Driving a Mile in the United States, Early 1990s

Drivers bill one-third of the cost of driving to others.

	Paid by Driver		Not Paid by Driver
Monetary Costs	**Fixed Driver Costs:** Vehicle purchase Vehicle maintenance Insurance and registration Home parking	24¢	Subsidized roadwork and emergency services "Free" parking Defense of oil supplies Productivity lost to congestion
	Variable Driver Costs: Fuel and fuel taxes Tires and oil "Pay" parking	13¢	
	Total Monetary:	37¢	10¢
Non-monetary Costs	Personal time Stress Own risk of accident		Others' time lost to congestion Environmental damage Risk of accident to others
	Total Nonmonetary:	34¢	24¢
Total Cost:		**71¢**	**34¢**

Note: Assigning monetary values to nonmonetary costs is problematic. These figures reflect the best estimates published in the economic literature, as synthesized by Todd Litman of the Victoria Transport Policy Institute.

Sources: see endnote 85.

economists and transportation experts. To estimate the costs of driving's negative effects on bodies of water, for example, he reviewed the scientific literature on the damages to aquatic systems caused by the automotive industry, automotive infrastructure, and vehicle fleet. He studied the impacts of spills from oil tankers and pipelines, fluids dripping from crankcases, used oil poured into storm drains, road salt and herbicides disturbing streams, leaking underground fuel storage tanks, air pollutants that settle into bodies of water, and parking-lot runoff laced with toxic metals and hydrocarbons. He reviewed the effects of pavement on the hydrological cycle: pavement concentrates storm water, reduces surface permeability and groundwater recharge, and increases flooding and drying of streams. The construction of roads, road cuts, and culverts truncates natural stream and shoreline processes, such as sediment movement, fish passage, temperature gradients, and nutrient cycling.[87]

After dissecting existing cost estimates on each of these types of damages, Todd estimated the costs of the effects on bodies of water at 1.3¢ per vehicle-mile. This figure may be a bit too low or too high, Todd suggests as a minivan passes. "Either way, it's closer to the truth than zero—which is what that driver is paying."

Underpricing automobile use leads to massive transfers of wealth—and well-being—from people who drive less to people who drive more. Households with annual incomes less than $10,000 drive a fourth as much on average as households with incomes more than $40,000. And urban households drive about a third as much as suburban households. Furthermore, approximately one-tenth of northwesterners belong to households that own no automobile; these people pay all the external costs of driving. Car-less households are disproportionately made up of the disabled, elderly, female, and poor.[88]

Table 3. Selected Measures of Vehicle Use and Costs, Pacific Northwest, 1994

British Columbians drive less than their neighbors, partly because of higher costs of owning and operating a vehicle.

	Gasoline Consumption per Capita (gallons)	Vehicle Travel per Capita (miles)	Net Fuel Tax (US¢/gallon)	Average Insurance Premium (US$/year)
British Columbia	294	~6,000	59¢	~$700
Washington	462	8,880	32¢	$588
Oregon	457	9,540	42¢	$535
Idaho	466	10,230	33¢	$402

Note: In B.C., fuel consumption was 1,100 liters, and estimated vehicle travel 9,700 kilometers, per capita; net fuel taxes were 21Can¢, and estimated insurance premiums Can$960.

Sources and defininitions: see endnote 89.

Underpricing automobile use also leads to massive overuse of driving. Compare British Columbia, where prices come closer to full costs, with Idaho, Oregon, and Washington (see Table 3.) British Columbians drive substantially less, but full pricing of external costs would reduce vehicle travel even more. It could lower driving rates by half over a decade because, all things considered, as much as half of current driving actually does more harm than good. Furthermore, people drive more than they need to relative to the current price—even in B.C.—because of the disproportionate share of expenses that are fixed, rather than variable.[89]

"Owning a car is very expensive," says Todd, "but driving a car is very cheap. The purchase price of the car, insurance, registration, residential parking—all those you're going to pay whether you drive one mile or 20,000 miles a year." Together, these fixed costs average $2,500 a year or more in the United States. When making daily decisions about where to go and how to get there, car owners consider only the variable costs of driving: fuel, parking (where it is charged), and a portion of vehicle maintenance, new oil, and tires. These costs average 13¢ a mile in the United States. The largest and most visible cost is fuel, at about a nickel a mile, and its inflation-adjusted price on the streets of the Northwest is lower today than ever before.[90]

The total cost of driving, then, is about a dollar a mile. The price is roughly a dime.

Converting fixed costs into variable costs would give people an incentive to drive less without increasing average expenses per driver. Insurance and parking are the costs most ripe for conversion. **18** **Sell insurance by the slice.**

Drivers pay an average of 7¢ a mile for auto insurance—more than they pay for fuel. The more you drive, the higher the probability you will get in an accident. Yet auto insurers put almost no weight on mileage in calculating insurance rates. The California Insurance Department reported in December 1994 that major insurers in that state underweighted mileage in their risk formulas by factors ranging from two to twenty-two. They overweighted place of residence in their calculations, with the result that car owners in poor, minority neighborhoods in big cities paid premiums two to three times higher than similar car owners living in affluent suburbs.[91]

Because insurance is not sold by the mile, says Todd Litman, "Nobody is going to say, I'm not going to take this trip by car to save insurance." This pattern of auto insurance is socially inequitable, economically inefficient, and environmentally destructive. There are several viable ways to sell insurance by the slice, the simplest being simply to require insurers to account accurately for mileage in their rates.

A more comprehensive and efficient solution, however, is to convert to no-fault, pay-at-the-pump insurance. Motorists would buy insurance through a flat surcharge of perhaps 40¢ on each gallon of gasoline—a charge rolled into the listed gas price just like gas taxes. State government would randomly divide all registered vehicles into blocks of several thousand each, and insurers would bid to cover each block of vehicles. The state would automatically forward the insurance payments collected by gas stations to insurers in proportion to how many blocks they insured. Because the system would replace the current litigious system with a no-fault regime that paid legitimate costs and losses—but not the legal fees and sales costs that consume roughly half of every insurance dollar today—motorists would actually pay less for insurance. Best of all, because everybody would buy insurance at the pump, there would no longer be uninsured motorists.[92]

Insurance-by-the-gallon would make insurance costs a factor in people's daily transportation and destination planning, even while reducing the total cost of driving.

Converting parking to a variable cost is a similar opportunity. **⑲ Deregulate parking.** Todd says, "Americans end 99 percent of auto trips at free parking spaces. No, not free," he corrects himself. "Somebody pays for them." The parking spaces in the B.C. Ministry's garage are among the tiny fraction where drivers pay for exactly what they use.

Parking is the dominant land use in urban areas. A typical commercial development dedicates more land to parking than to the buildings that the parking serves. The Northwest has two-and-a-half times as many parking spaces as motor vehicles. At an average rental value per space of $30 a month, parking a car is worth about twice as much as the fuel the car burns. It comes to

10¢ a mile: a penny a mile for meters, lots, and garages, 4¢ a mile in fixed costs—mostly rent or mortgage for parking at home—and a nickel a mile chipped in by taxpayers and businesses.[93]

Drivers do not pay per use for parking because antiquated provisions in zoning and tax codes, along with misguided street designs, have artificially increased the supply of parking—glutting the market and causing the price to drop toward zero. Fixing these flaws would force the pricing of some parking immediately and of most parking eventually.

Zoning codes enforce a tremendous oversupply of parking. In the sixteen most populous counties and cities in the Northwest, off-street parking requirements are omnipresent. Rural and suburban jurisdictions require even more parking than cities. For houses, the requirement is usually two spaces per house. Office buildings are required to provide up to four spaces per 1,000 square feet of floor space. And in much of the region, retail developers are required to devote more space to cars than they do to people. In Pierce County, Washington; in Washington County, Oregon; and in Sonoma County, California, for example, the law mandates five parking spaces per 1,000 square feet of floorspace; in a normal lot, that works out to 1,500 square feet of pavement.[94]

The rationale for requiring off-street parking is that it eliminates problems such as shoppers filling the curbside spaces in nearby neighborhoods. But obligatory off-street parking actually costs people much more than stricter parking enforcement would. "Because businesses and households are forced to spend so much money providing parking, we pay more for the tomatoes at the grocery store, get lower wages, and pay extra for housing," says Todd as he walks up the ramp. He continues talking as he strolls through central Victoria, a district that—along with Vancouver's West End and downtown Portland—is among the best places in the Northwest to be a pedestrian.

To make parking a variable cost, the Northwest could strike all off-street parking requirements from zoning codes. Deregulation would allow the market to decide how much parking space to provide and how to pay for it. Many new developments would include much less parking, lowering costs, especially for the poor. Including parking facilities in new multifamily buildings increases construction costs by up to 18 percent. Portland recently permitted the construction of a downtown low-income housing project without any off-street parking, a waiver that likely shaved more than $10,000 off the cost of each apartment.[95]

The change would affect existing developments as well. The owners of buildings surrounded by seas of concrete would have new choices. They could expand, sell off land to others, or turn parking into landscaped plazas. Even homeowners would have new options, such as converting parking space to living or gardening space. It might take ten years for the oversupply of parking space to be absorbed by these changes, but scarcity—and a market—would inevitably develop. Employers and retailers would start charging for parking, so nondriving workers and shoppers would no longer subsidize their peers who drive. Prices, in short, would tell the truth.

Where communities are still being laid out, streets can be made narrower—a proposal the cities of Olympia and Missoula are both considering. Todd estimates that only about one-third of the average-width current street is needed for basic access by foot, ambulance, and transit vehicles and for utility lines. The remainder exists to serve private cars, mostly for parking. Metering or otherwise charging for curbside parking where possible would at least ensure that drivers pay rent for their use of public rights-of-way. Parking revenues that a neighborhood generates could then be deposited in a fund for community improvements. **20 Use parking meter proceeds for neighborhood funds.** Otherwise, the

political opposition might be overwhelming. Seattle Mayor Norm
Rice, otherwise wildly popular, was nearly thrown out of office
for raising the price of parking at downtown meters during his
first term. He doubled the rate from a dollar an hour. Habitu-
ated motorists howled, although they kept right on parking at
the meters. In the end, Rice not only rolled back the parking
rate but also committed public funds to expand downtown parking for shoppers.[96]

In the long term, cities could convert some of the space now
devoted to on-street parking to uses such as broader sidewalks,
street trees, and bicycle or transit lanes. They could even auction
off excess street space to property owners. The reallocation of
street space could have profound impacts. In relatively flat Victoria,
at any given time there are as many people riding bicycles as buses,
even though bicyclists must mix with dangerous traffic. Bicycle
use would soar if cyclists were given shielded lanes away from cars.
Minor bicycle facility improvements in hilly Seattle increased bike
commuting to downtown by 28 percent from 1992 to 1995.[97]

Similarly, pedestrian travel could increase with wider sidewalks and better crosswalks. Todd pauses on Douglas Street, a
busy thoroughfare in the heart of town. "Right here, at midday on
a weekday, pedestrians outnumber motorists, but motorists get five
times as much street space. Car traffic is flowing smoothly; pedestrian traffic is terribly congested."

Another egregious flaw in revenue codes is the failure to treat
free parking for employees as a form of income—as a taxable
benefit. Free employee parking is currently ubiquitous: in King
County, Washington, which includes Seattle and is the Northwest's
most populous local jurisdiction, more than 70 percent of workers park for free.[98]

Under B.C. and Canadian law, free parking is taxable income,
but Revenue Canada makes only token efforts to enforce the rule.

Park or Ride?

Washington's Commute Trip Reduction Law requires large employers to designate a staff member as employee transportation coordinator and to establish plans to reduce the share of workers who arrive alone in their cars. Boeing, which has had an employee transportation program since 1942, relies heavily on vanpools and public transit. Microsoft workers favor carpools and coordinate rides on-line from their desks. And Nordstrom's most successful program has been its guarantee of a ride home to any worker who commutes without a car and has a family emergency while at work.

Key Bank, meanwhile, has successfully tested reducing commute lengths rather than vehicle numbers. Because fewer than a fifth of Key Bank employees work at the branch closest to their home, the company figured it could do more good matching job openings and home sites. At thirty branches enrolled in the program, the average commute length declined by 17 percent over the first year of the program. Overall, Washington's Commute Trip Reduction Law took 120,000 cars off the road every weekday in its first two years of operation.

Unfortunately, car traffic is notorious for expanding to fill road and parking space available, so these voluntary measures may have been offset by new trips taken by others. If parking were priced, however, trip reduction efforts would become an automatic part of everyone's lives.

Parking pressures—not trip reduction mandates—were the motive force behind three other successful efforts. At the University of Washington in Seattle and Boise State University, parking prices rose at the same time that all students were given free transit passes. Saint Luke's Hospital in Boise, under community pressure to reduce spillover parking on neighborhood streets, instituted one of the region's most comprehensive trip reduction programs. Saint Luke's provides preferential parking for carpools, flexible start-of-work times for nondrivers, free taxi rides in family emergencies, and free bus and vanpool passes. Dedicated to health promotion, the hospital also installed showers, lockers, and bicycle racks, and gives away bike locks and walking shoes.[99]

Indeed, even offices of government agencies in greater Vancouver give away parking worth Can$26 million a year. In the United States, under the Internal Revenue Code, employers may provide parking worth up to $155 a month to employees as an untaxed fringe benefit—equivalent to pretax income that exceeds $2,000 a year. They may also provide transit fares, but only up to $60 a month, and they may not provide anything toward bicycling or walking expenses. Among Northwest states with income taxes, only California even has a policy on employee parking. It specifies that employee parking is only free of state income tax if employees have the option of cashing-out the benefit: they must have the choice of getting to work without their cars and receiving the dollar value of the free parking in cash. Tests of "cashing-out parking" in Los Angeles show, that as many as two in five commuters take the money and leave their wheels at home. These results are encouraging because commuting accounts for a fourth of all auto trips.[100] **㉑ Ask your employer to take back your parking space and give you a $2,000 raise.**

If the Northwest reformed insurance and parking in these ways, the price of driving would more than double, but total driving expense would decline. Driving would decrease by perhaps a third over the long term if these big, fixed, annual costs were chopped up into small, regular, variable costs.[101]

A property tax is actually two conflicting taxes rolled into one. It is a tax on the value of buildings and a tax on the value of the land under those buildings. As experience in Australia, New Zealand, Taiwan, and Pennsylvania shows, shifting the tax from the former to the latter aids compact development while suppressing land speculation, promoting productive investment, and tempering housing costs, especially for the poor. It does these things because of the unique nature of land values.[102]

In land values, location counts for everything. Land in a crime-infested, rundown neighborhood is worth a fraction as much as an identical lot in a safe, popular neighborhood. Paradoxically, property owners can increase their building values by improving their buildings, but they can do nothing to change their land values. Only their neighbors, government, and society can do that. Government actions are especially important, and they usually increase land values. If a city builds a park, a province expands transportation infrastructure, or a nation restores a historic landmark near a parcel, the land's value will rise. Curiously, property-rights defenders decry reductions in land values caused by government, which they call "takings," and demand compensation for it. But they do not call for landowners to repay public coffers for the more common "givings"—where government actions increase land values.[103]

Location matters a great deal to people. In King County, for example, the assessed value of real property exceeded $100 billion in 1993: $61 billion of it was the value of private buildings, approximately what it would cost to reconstruct these structures. The remaining $46 billion was the value of land—what people were willing to pay purely for location.[104]

And location matters more to people as time goes by. As incomes rise, people spend an increasing share of their earnings on location. Historically, urban land values have increased faster than population, the consumer price index, or income. A typical property buyer in King County in the 1950s paid about one-tenth of the purchase price for land and nine-tenths for the building; in 1993, land accounted for 43 percent of the purchase price. In economic terms, rising wealth is capitalized in land values; in common parlance, to quote comedian Will Rogers, "Buy land, because they ain't makin' any more of it."[105]

These peculiarities of land values make land speculation possible. Most successful investments—whether in businesses or buildings—create salable products not otherwise available. The investor makes money, and consumers have more of what they want. But successful land speculation—the purchase of land for the purpose of holding it until its value increases—fails the public. It does not create any salable good or service; it prevents full use of premium sites. The investor makes money, and society has less of what its members want. Land speculation explains why roughly 5 percent of private urban land in Pacific Northwest cities is vacant, while perhaps three times as much is underused.[106]

Land speculation is parasitic, not productive. Its antidote is to shift the property tax off buildings and onto land. **22** **Exempt buildings from property tax.** Where such exemptions have been granted—in dozens of North American jurisdictions such as Pittsburgh and thousands of localities in Australia and New Zealand—it has resulted in aggressive development of the most valuable sites, almost all of which were in cities rather than suburbs. Density increases. The apartment and office space supplies increase. Rents fall. Parking supply declines as parking lots—a standard holding pattern for land speculators—are developed. Finally, shifting the property tax onto land is highly progressive, because landownership is extremely concentrated in the hands of the rich. Those who own no land benefit enormously, and even middle-class homeowners benefit, because their houses are usually worth more than their land.[107]

Improving the accuracy of assessments is equally critical because many jurisdictions currently undervalue land, effectively subsidizing speculation. The accuracy of property value assessments in the state of Washington is as low as 70 percent of full market value in some counties, and the statewide average for 1995 was below 90 percent—a gap that meant hundreds of millions of dollars of windfalls for landowners. British Columbian assessments, in contrast, reflected more than 95 percent of market prices in 1994.[108]

Vancouver's above-average density is partly a consequence of the province's state-of-the-art assessment techniques—techniques so much better than the norm that the B.C. Assessment Authority sells its computerized data management system to other jurisdictions. It helps that the province hires assessors through a competitive personnel process, whereas most Northwest jurisdictions elect theirs. Assessment is a professional skill: there is always a right answer. Leadership qualities and political philosophy—matters best judged by voters—are irrelevant. In Oregon, where counties decide how to select assessors but most are elected, several counties are considering switching over to an appointment system.[109]

Taxes and government spending in the Northwest penalize work, savings, and enterprise, while subsidizing sprawl, driving, and other unsustainable activities. Reversing these practices will help both the economy and the environment. **❷❸ Shift taxes off work and onto pollution.** It will also raise the price of driving closer to its true cost. The Northwest can do that by decreasing sales, payroll, and income taxes while phasing in a set of taxes on vehicle use and vehicle fuels.[110]

The most important of these taxes would be national, state, or provincial carbon taxes—levies on all fossil fuels in proportion to the greenhouse gases released through their combustion. The tax would be best applied as far up the production line as possible. Fossil fuels extracted in North America would be taxed at the wellhead or mouth of the coal mine, and imported fuels would be taxed at the port of entry. Upstream taxation minimizes administrative burdens and ensures that the proper price incentive travels throughout the economy—to refiners, processors, transporters, and retailers, as well as to final consumers.[111]

Autos' other external costs, from local air and water pollution to accident risk to congestion, could be transferred to drivers in different ways. Possible mechanisms are numerous—from simply raising fuel taxes to instituting by-the-mile charges that vary with vehicle weight, emissions rates, and road congestion at time of use. Ideally, drivers would pay by the mile, the minute, or the gram of pollution for use of roads, parking spaces, and shared air and water resources, much as consumers currently pay for long-distance telephone calls. The information revolution makes such proposals, which have long been advanced by economists, technically possible.[112]

California is experimenting with high-tech toll roads, where cars are charged for road use like so many groceries sweeping across checkout scanners. The Oregon Environmental Council in Portland, in conjunction with the three-county governing council Metro, is leading a metropolitan dialogue on roadway pricing. And planners in Seattle and Vancouver have studied the subject; the former rejected the proposal because it struck conservatives as a new tax, and Vancouver postponed action for fear of raising motorists' hackles.[113]

The nut of the problem is to tie these new fees to reductions in other taxes—especially viciously regressive ones such as flat taxes on sales and payrolls—and to use the revenue for the general support of government, not simply for transportation-related expenses. All Northwest jurisdictions except British Columbia dedicate gas tax revenues for roadwork; in Washington, that provision is written into the state constitution. This practice creates a revolving door of more driving and more road building.[114]

Mobility is a means; it deserves no subsidy. Taxpayers have bankrolled the car and sprawl for decades, with money for transit thrown in as a palliative; the only thing worth subsidizing now is the city. Perhaps states should dedicate all fuel-tax revenues to schools, parks, and especially police—since crime is the leading motivator of urban flight—leaving highway departments to propose tax levies each time they think they need a new road.

THE UPSHOT

CHOICES

Pricing auto travel better—by reforming insurance, parking, and taxes—would nourish current and as yet unimagined alternatives. It would spur development of cleaner, safer cars and cleaner, safer auto infrastructure. British Columbia has already become the first Canadian province to adopt the tough Californian standards for low-emission vehicles and clean-burning gasoline. And the possibilities are encouraging.

Energy analyst Amory Lovins of the Rocky Mountain Institute argues that private cars could be made to travel 300 miles per gallon with vast improvements in safety and performance by combining the best new composite materials with a revolutionary "hybrid electric" drive train. A team at Western Washington University in Bellingham has applied some of these design techniques to create a prototype that gets 200 miles per gallon.[115]

Full-cost pricing might lead to thriving car cooperatives, like the incipient one in Eugene, Oregon, or the thousands that are found in Germany. In a co-op, you pay for your driving only by the mile and the minute, and thus can save your money when you don't need to drive. Full-cost pricing would also lead to improvements in transit service, pedestrian and carpooling facilities, and every other means of mobility. It would make people clean the spider webs off their bicycles: an estimated 1 million bikes are sitting in the garages and basements of greater Seattle.[116]

Over time, people would reorganize where they do what. They would choose residences closer to work, friends, and shopping. Employers would locate closer to suppliers, residences, and services. Neighborhood stores and front porches would develop again.

Through the effect of millions of voluntary choices, sprawl would reverse itself. Cities' footprints would contract. The estimated one-fourth of urban land that is devoted to the automobile and the somewhat smaller portion that is held in speculation would begin to fill up with new buildings, increasing density and reducing auto dependence. Cars would be one choice among many, and they would continue to be used on trips where, in the drivers' judgments, the benefits were worth the price. In a market economy, that is as it should be.

Is enough happening in Northwest cities? No. Vancouver's population is growing by a West End's worth each year, and much of that growth is taking place in snout houses outside the city. Close to two-thirds of workers in the metropolis now commute from one suburb to another, rendering the core less relevant. In Portland, sprawling residential development continues despite the urban growth boundary and the comprehensive plans. And greater Seattle, despite a statewide growth management act and a well-regarded comprehensive land use plan, has still sanctioned the development of 400 square miles of rural land by 2020. Indeed, many of the ten county land use plans developed under the state Growth Management Act consist simply of planned sprawl. Collectively, they promise an average population density in twenty years lower than today's. In places like Boise, western Montana, the Canadian Okanagan valley, and the sunny side of Vancouver Island, sprawl is rampant, and population is growing at record rates.[117]

The Pacific Northwest has changed its vision and begun to change its policies, but it will take a while to see the results on the ground. Yet step by step, change is happening. **24 Give this book to the person beside you on the bus.**

Northwesterners transformed the urban landscape in the half-century since World War II. And the transformation has not slowed. In the next half-century, they will undoubtedly rebuild much of what now exists. The question is what they will build. If they choose wisely, they will create cities with vital economies, safe and secure neighborhoods, diminishing impacts on the global environment, and flourishing communities. They will create cities where—with almost no one noticing at first—the number of automobiles declines. Not because cars are less useful but because they are less necessary. If Northwesterners choose well, they will end up with a human habitat worthy of its creators. And they will set an example for the world.

NOTES

1. John C. Ryan, *State of the Northwest* (Seattle: Northwest Environment Watch [NEW], 1994; Alan Thein Durning, *This Place on Earth* (Seattle: Sasquatch Books, in press).
2. Chapter based on Gordon Price, private communication, Nov. 19, 1994, and Gordon Price, "Tale of Three Cities," *New Pacific (Vancouver)*, autumn 1992.
3. "Motor vehicles" refers to all motorized on-road vehicles except motorcycles. Causes of death from J. Michael McGinnis and William H. Foege, "Actual Causes of Death in the United States," *Journal of the American Medical Association*, Nov. 10, 1993, and private communications with state offices of vital statistics. Deaths and injuries from Federal Highway Administration (FHWA), *Highway Statistics 1993* (D.C.: 1994), and Ministry of Transportation and Highways, Motor Vehicle Branch, *1993 Traffic Accident Statistics* (Ottawa: 1994). Relationship to fuel price, effects on young and old from National Safety Council, *Accident Facts, 1995* (Itasca, IL: 1995).
4. Environment 2010, *1991 State of the Environment* (Olympia: Wash. State Dept. of Ecology, 1992); City of Vancouver Task Force on Atmospheric Change, "Clouds of Change," Vancouver, Jun. 1990.
5. Weight from Christopher Flavin and Alan Durning, *Building on Success* (D.C.: Worldwatch Institute, 1988). Automotive share from John C. Ryan, "Greenhouse Gases on the Rise," *NEW Indicator*, Aug. 1995.
6. Steve Nadis and James J. MacKenzie, *Car Trouble* (Boston: Beacon Press, 1993). Crop value from B.C. Round Table on the Economy and the Environment (B.C. Round Table), *Georgia Basin Initiative* (Victoria: 1993); John C. Ryan, "Roads Take Toll on Salmon, Grizzlies, Taxpayers," *NEW Indicator*, Dec. 1995.
7. Alan Thein Durning, "Vehicles Outnumber Drivers in Pacific Northwest," *NEW Indicator*, Jan. 1995.
8. Vehicle-miles from FHWA, *Highway Statistics* (D.C.: various editions), and Office of Highway Information Management, FHWA, D.C., unpublished data. Share of trips in cars estimated from Ray M. Northam, "Transportation," in Philip L. Jackson and A. Jon Kimerling, eds., *Atlas of the Pacific Northwest* (Corvallis: Ore. State Univ. Press, 1993); from B.C. Round Table, *State of Sustainability* (Victoria: Crown Publications, 1994); and B.C. Energy Council, *Planning Today for Tomorrow's Energy* (Vancouver: 1994). Figure 1 U.S. Bureau of the Census, *Urbanized Areas of the United*

States and Puerto Rico (D.C.: 1993), and U.S. Bureau of the Census, *Census of Population: 1950, 1960,* and *1980,* Vol. 1, "Characteristics of the Population, Parts for Oregon, Washington and Idaho" (D.C.: 1952, 1963, and 1982). "Cities" refers to the "central places" in the Census Bureau's "urbanized areas." "Suburbs" refers to the Bureau's "urban fringe." "Towns" refers to all "urban areas" outside "urbanized areas." "Rural" is used as defined by the Bureau. Housing for Washington from Rhys Roth, *Redevelopment for Livable Communities* (Olympia: Wash. State Energy Office [WSEO], 1995).

9.   Peter W. G. Newman and Jeffrey R. Kenworthy, *Cities and Automobile Dependence* (Brookfield, Vt.: Gower Technical, 1989). Cars per driver from American Automobile Manufacturers Association, *Facts and Figures '93* (Detroit: 1993). Trips per household from Doug Kelbaugh, (professor, Univ. of Wash. [U.W.], Seattle) presentation at conference, "Building with Values '93," Seattle, Nov. 12, 1993. Suburban-urban driving from John Holtzclaw, "Using Residential Patterns and Transit to Decrease Auto Dependence and Costs," Natural Resources Defense Council (NRDC), San Francisco, 1994.

10.   Rhys Roth, *Municipal Strategies to Increase Pedestrian Travel* (Olympia: WSEO, 1994).

11.   See U.S. Advisory Board on Child Abuse and Neglect, *Neighbors Helping Neighbors* (D.C.: U.S. Dept. of Health and Human Services, 1993); Carnegie Council on Adolescent Development, *Great Transitions* (N.Y.: Carnegie Corporation, 1995); and John Darrah, "Youths and Violence," *Seattle Post-Intelligencer,* Feb. 13, 1994.

12.   Newman and Kenworthy, op. cit. note 9.

13.   City of Vancouver, op. cit. note 4.

14.   Newman and Kenworthy, op. cit. note 9. Figure 2: Greater Portland (1990) includes Clackamas, Multnomah, and Washington Counties; Greater Seattle (1994) includes King, Pierce, Kitsap, and Snohomish Counties; Greater Vancouver (1991) is the Vancouver Census Metropolitan Area, including the Greater Vancouver Regional District (GVRD), Pitt Meadows, and Maple Ridge. Shares of population determined by calculating population density at the census tract level, sorting by density, and reaggregating. Density thresholds from Newman and Kenworthy, op. cit. note 9. Seattle from Puget Sound Regional Council (PSRC), *Population and Housing Estimates, 1993 & 1994* (Seattle: 1995). Vancouver from Statistics Canada, *Profile of Census Tracts in Matsqui and Vancouver, Part A* (Ottawa: 1992). Portland from U.S. Bureau of the Census, *1990 Census of Population and Housing,* Census Bureau Data on CD-ROM (D.C.: 1992).

15.   Newman and Kenworthy, op. cit. note 9.

16.   Newman and Kenworthy, op. cit. note 9. Road space in B.C. cities from B.C. Round Table, op. cit. note 8. Other cities estimated from Tom Schueler,

"The Importance of Imperviousness," *Watershed Protection Techniques* (Silver Spring, Md: Center for Watershed Protection), fall 1994, and Sustainable Seattle, *Indicators of Sustainable Community 1995* (Seattle: MetroCenter Y.M.C.A., 1995).

17. Northwest densities from sources in note 14. Paragraph from Newman and Kenworthy, op. cit. note 9, except car ownership from Keith Bartholomew, "Making the Land Use, Transportation, Air Quality Connection," *PAS Memo* (American Planning Association), May 1993; pollution from Roth, op. cit. note 10.

18. Bus frequency and self-sufficiency from Preston Schiller and Jeffrey R. Kenworthy, "Prospects for Sustainable Transportation in the Pacific Northwest" (draft from Dr. Schiller in Kirkland, Wash.), Feb. 1996.

19. Newman and Kenworthy, op. cit. note 9; Holtzclaw, op. cit. note 9.

20. Price, "Tale of Three Cities," op. cit., note 2; Graeme Wynn and Timothy Oke, eds., *Vancouver and Its Region* (Vancouver: UBC Press, 1992).

21. Seattle Commons, Seattle, fact sheets, Feb. 1996.

22. Schiller and Kenworthy, op. cit. note 18.

23. Decision Data, "Puget Sound Housing Preference Study," Kirkland, Wash., 1994.

24. Neighborhoods just below medium density from sources in note 14.

25. David B. Goldstein, "Making Housing More Affordable: Correcting Misplaced Incentives in the Lending System," NRDC, San Francisco, Aug. 12 1994. Holtzclaw, op. cit. note 9.

26. Newman and Kenworthy, op. cit. note 9, Kelbaugh, op. cit. note 9.

27. GVRD, *Creating Our Future* (Vancouver: 1993); PSRC, *Vision 2020 Update* (Seattle: 1994); Metro, *Region 2040* (Portland: 1994).

28. PSRC, "Evaluating the Relationships between Advanced Telecommunications and Travel in the Central Puget Sound Region," Seattle, 1995.

29. Definition from Bartholomew, op. cit. note 17, and James Howard Kunstler, *The Geography of Nowhere* (N.Y.: Simon & Schuster, 1993).

30. Costs from Todd Litman, *Transportation Cost Analysis* (Victoria: Victoria Transport Policy Institute [VTPI], 1995), and Transport 2021, *The Cost of Transporting People in the British Columbia Lower Mainland* (Vancouver: 1993). True average driving speed assumes average driving distance from Litman, *Transportation Cost Analysis*. Median U.S. income for household of two from U.S. Bureau of the Census, *Statistical Abstract of the United States 1993* (D.C.: 1994). Average weekly driving time from John P. Robinson, "Americans on the Road," *American Demographics*, Sep. 1989. Infrastructure costs from James E. Frank, *Costs of Alternative Development Patterns* (D.C.: Urban Land Institute, 1989).

31. Todd Litman, "Internalizing and Marginalizing Parking Costs as a Transportation Demand Management Measure," ,VTPI, Victoria, 1995. Congestion from Dick Nelson and Don Shakow, "If We Spend Billions on

Regional Transportation, Shouldn't We Expect a Good Return on Our Investment?" Institute for Washington's Future, Seattle, 1995.

32. Economic loss estimated from National Safety Council, op. cit. note 3.

33. Farmland from Kathleen E. Moore, "Urbanization in the Lower Fraser Valley," Canadian Wildlife Service, Vancouver, 1990. Harm to economy from Bank of America et al., *Beyond Sprawl* (San Francisco: 1995). .

34. Subsidies from John C. Ryan, *Hazardous Handouts* (Seattle: NEW, 1995). Tax effects from Roth, op. cit. note 8, and Sonoran Institute, "Fiscal and Economic Impacts of Local Conservation and Community Development Measures," Tucson, Ariz., 1993.

35. Federico Peña, Secretary, U.S. Dept. of Transportation, interview on National Public Radio, Dec. 15, 1995.

36. FHWA, *Highway Statistics* (D.C.: various editions), and Ministry of Transportation and Highways, Motor Vehicle Branch, *Traffic Accident Statistics* (Ottawa: various editions). Violent crime statistics from sources in note 3, and Howard N. Snyder and Melissa Sickmund, *Juvenile Offenders and Victims* (D.C.: U.S. Dept. of Justice, 1995).

37. Risks estimated 1995 crime statistics by census tract from Crime Prevention Office, Seattle Police Dept., unpublished data, Dec. 1995; on census-tract population data from PSRC, op. cit. note 14; suburban crime rates from King County, *1994 King County Annual Growth Report* (Seattle: 1994); Wash. injury-accident rate per mile from FHWA, op. cit. note 3; and urban-suburban driving rates from Holtzclaw, op. cit. note 9.

38. U.S. Advisory Board, op. cit. note 11. Delton W. Young, "Suburban Disconnect," *Seattle Post-Intelligencer*, Nov. 12, 1995, and Delton W. Young, "Suburbs No Escape from Youth Violence," *Seattle Post-Intelligencer*, Jul. 27, 1995.

39. Oil consumption estimated from B.C. Energy Council, op. cit. note 8; from Ore. Dept. of Energy, "Oregon Energy Statistics," Salem, January 1994, and from Idaho Dept. of Water Resources, *Idaho Energy Vital Statistics '94* (Boise: 1994). Oil defense from former Navy Secretary John F. Lehman, Jr., cited in Terry Sabonis-Chafee, "Oil Security and Hidden Costs" (letter), *Science,* Feb. 10, 1989.

40. Canada-Amsterdam comparison from William E. Rees and Mark Roseland, "Sustainable Communities," *Plan Canada,* May 1991. Comparison to other cities based on data in Table 1 and Ryan, op. cit. note 5.

41. Population-land development from Puget Sound Water Quality Authority, *State of the Sound: 1992 Report* (Olympia: 1992). Seattle land conversion from PSRC, *Vision 2020 Update: Environmental Impact Statement* (Seattle: 1994). Vancouver from Moore, op. cit. note 33.

42. Urban development on private rural land in U.S. Northwest from U.S. Dept. of Agriculture, Natural Resource Conservation Service (NRCS), published and unpublished data from National Resources Inventories of

1992, 1987, and 1982 provided to NEW by each state's NRCS office. Wetlands from Douglas J. Canning and Michelle Stevens, *Wetlands of Washington* (Olympia: Wash. Dept. of Ecology, 1990).

43. Schueler, op. cit. note 16.

44. Marcia D. Lowe, *Shaping Cities* (D.C.: Worldwatch Institute, 1991).

45. Effects of sprawl on poor and on urban neighborhoods from Litman, op. cit. note 30, Kunstler, op. cit. note 29. Neighborhood decay from Carnegie Corporation, op. cit. note 11.

46. American Association of Retired Persons, "Community Planning," AARP Policy Agenda, D.C., 1995.

47. Segregation of classes from Kunstler, op. cit. note 29, and Robert B. Reich, *The Work of Nations* (N.Y.: Knopf, 1991).

48. Time driving from Robinson, op. cit. note 30. Breakdown of community from Robert D. Putnam, "The Prosperous Community," *American Prospect*, spring 1993. Urban space estimated from sources in note 16 and Litman, op. cit. note 30.

49. Kunstler, op. cit. note 29.

50. Putnam, op. cit. note 47. Henry Richmond and Saunders C. Hillyer, "Need Assessment for a Metropolitan and Rural Land Institute," 1,000 Friends of Oregon, Portland, 1993.

51. Edwin Bender, research director, Money in Western Politics Project, Western States Center, unpublished data, Portland, May 1995.

52. Chapter draws on Kunstler, op. cit. note 29; Terry McDermott, "A Neighborhood Left Behind," *Seattle Times*, Dec. 13, 1992; Price, "Tale of Three Cities," op. cit. note 2; Carlos A. Schwantes, *The Pacific Northwest* (Lincoln: Univ. of Neb. Press, 1989); and Wynn and Oke, op. cit. note 20. Streetcar development from Sharon Boswell and Lorraine McConaghy, "On a Roll, City Spreads Out," *Seattle Times*, Feb. 25, 1996.

53. Figure 3 sources: U.S. vehicle registrations from FHWA, *Highway Statistics* (D.C.: various editions). B.C. from F. H. Leacy, ed., *Historical Statistics of Canada*, 2nd ed. (Ottawa: Statistics Canada, 1983), and Statistics Canada, *Road Motor Vehicle Registrations* (Ottawa: various editions).

54. Tax information from private communications with provincial and state tax authorities, and FHWA, *Highway Statistics 1994* (D.C.: 1995).

55. Kunstler, op. cit. note 29.

56. Redlining from McDermott, op. cit. note 52, and Penny Loeb et al., "The New Redlining," *U.S. News & World Report*, Apr. 17, 1995.

57. In-migration from Schwantes, op. cit. note 52. FHA from Kunstler, op. cit. note 29.

58. Peter Dreier and John Atlas, "The Scandal of Mansion Subsidies," *Dissent*, Winter 1992.

59. Kunstler, op. cit. note 29.

60. Kunstler, op. cit. note 29.

61. Walt Crowley, "Track to the Future," *Seattle Post-Intelligencer*, Mar. 5, 1995.

62. Interstates' effects from Price, "Tale of Three Cities," op. cit. note 2. Shopping malls from Alan Thein Durning, *How Much Is Enough?* (N.Y.: Norton, 1992).

63. Daniel Yergin, *The Prize* (N.Y.: Simon & Schuster, 1992).

64. Kunstler, op. cit. note 29. New shopping centers from Durning, op. cit. note 62. Savings and loan bail out from U.S. Congressional Budget Office, D.C., private communications, 1995.

65. Sport-utility vehicles from Agis Salpukas, "With Prices Low, Gasoline Guzzling Makes a Comeback," *New York Times*, Feb. 15, 1996. Parking spaces from Litman, op. cit. note 31. Roads from Ryan, op. cit. note 6.

66. Danny Westneat, "Late for the Train," *Seattle Times*, Mar. 5, 1995. Crowley, op. cit. note 61.

67. Portland from Kunstler, op. cit. note 29, Lowe, op. cit. note 44, and Philip Langdon, "How Portland Does It," *Atlantic Monthly*, Nov. 1992.

68. Earl Blumenaur, commissioner of public works, Portland, private communication, Dec. 9, 1994.

69. Langdon, op. cit. note 67.

70. Terry Moore, Metro Council, Portland, private communication, Dec. 10, 1994.

71. Preston Schiller, Alt-Trans, Kirkland, Wash., private communication, Nov. 16, 1994. Jonas Rabinovitch and Josef Leitman, "Urban Planning in Curitiba," *Scientific American*, Mar. 1996.

72. Lowe, op. cit. note 44.

73. Portland from Blumenaur, op. cit. note 68. Boise from Kim Eckart, "Mountains or Molehills," *Idaho Statesman*, Sep. 11, 1995.

74. Portland bicycles from Paul Wilson, "Changing Direction toward Sustainable Culture," *Northwest Report*, Jan. 1996.

75. Miles of freeway from Jeanne W. Wolfe, "Canada's Liveable Cities," *Social Policy*, summer 1992. Table 1: Shares of population in low-density neighborhoods from sources in note 14; other data from Schiller and Kenworthy, op. cit. note 18. Vancouver land conversion from Moore, op. cit. note 33. Seattle from sources cited in note 41.

76. Richmond and Hillyer, op. cit. note 50.

77. LUTRAQ from Bartholomew, op. cit. note 17, and LUTRAQ project, 1,000 Friends of Oregon, newsletters and reports, Portland, 1993–95.

78. Bartholomew, op. cit. note 17, LUTRAQ, op. cit. note 77.

79. Meeky Blizzard, Sensible Transportation Options for People, Tigard, Ore., private communication, Dec. 10, 1994.

80. Seattle sidewalks from Schiller and Kenworthy, op. cit. note 18.

81. LUTRAQ, op. cit. note 77.

82. Moore, op. cit. note 70.

83. Gussie McRoberts, mayor, Gresham, Ore., private communication, Dec. 10, 1994.

84. Todd Litman, VTPI, Victoria, private communication, Jun. 6, 1995.

85. Table 2 sources: Litman, op. cit. note 30.

86. Litman, op. cit. notes 30, 84.

87. Litman, op. cit. note 30.

88. Litman, op. cit. note 30.

89. Table 3: Gasoline consumption from Statistics Canada, *Road Motor Vehicles Fuel Sales.1994* (Ottawa: 1995), and FHWA, op. cit. note 54; vehicle travel per capita in B.C. estimated by NEW; net fuel tax is provincial-state and federal fuel tax on gasoline minus the estimated value of exemptions from state sales taxes, from FHWA, *Highway Statistics 1994*, private communications with state tax authorities for U.S. states, and Todd Litman, private communication for B.C.; average insurance premiums from Insurance Information Institute, *I.I.I. 1995 Fact Book*, cited in Todd Litman, "Marginalizing Insurance Costs As a Transportation Demand Management Measure," VTPI, Victoria, 1995.

90. Real fuel price from Yergin, op. cit. note 63.

91. Todd Litman, "Marginalizing Insurance Costs," op. cit. note 89.

92. Pay-at-the-pump insurance from Stephen D. Sugarman, *"Pay at the Pump" Auto Insurance* (Berkeley: Univ. of Calif., 1993), and Andrew Tobias, *Auto Insurance Alert!* (N.Y.: Fireside, 1993).

93. Litman, op. cit. note 31.

94. NEW surveyed Northwest cities' and counties' off-street parking requirements.

95. Portland from Schiller and Kenworthy, op. cit. note 18. Low-income housing from Litman, op. cit. note 30.

96. Donald Shoup, "An Opportunity to Reduce Minimum Parking Requirements," *Journal of the American Planning Association*, winter 1995.

97. "Bike Commuting to Downtown Grows," *Seattle Times*, Nov. 30, 1995.

98. Transit Department, *1994 Rider/Non-Rider Survey*, (Seattle: King County Dept. of Metropolitan Services, 1995).

99. WSEO, "Initial Impacts, Benefits, and Costs of Washington's Commute Trip Reduction Program," (Olympia: 1995). Employer programs from private communications with transportation coordinators at each corporation during early 1996, except Key Bank from Gene Mullins and Carolyn Mullins, "Proximate Commuting," Mullins & Associates, Seattle, 1995. Shortcomings of trip reduction programs from Genevieve Giuliano and Martin Wachs, "A Comparative Analysis of Regulatory and Market-Based Transportation Management Strategies," Univ. of Southern Calif., Los Angeles, 1992.

100. Litman, op. cit. note 31. Canadian law and enforcement from Ryan, op. cit. note 34. Vancouver parking from Transport 2021, op. cit. note 30. State tax policies from private communications with tax authorities and review of tax codes in each Northwest state.

101. Litman, op. cit. note 31, and "Marginalizing Insurance Costs," op. cit. note 89.

102. Thomas A. Gihring, "Converting from a Single Rate to a Differential Rate Property Tax," paper presented at Pacific Northwest Regional Economic Conference, Seattle, Apr. 28–30, 1994.

103. Clifford Cobb, "Fiscal Policy for a Sustainable California Economy" (draft), Redefining Progress, San Francisco, 1995.

104. Gihring, op. cit. note 102.

105. Cobb, op. cit. note 103. Eugene Levin, "Let the State of Washington . . . Look to the Land" (pamphlet, Common Ground U.S.A.), Seattle, March 1994.

106. Levin, op. cit. note 105, and Cobb, op. cit. note 103.

107. Cobb, op. cit. note 103. Levin, op. cit. note 103. Edward C. Baig, "Higher Taxes that Promote Development," *Fortune*, Aug. 8, 1983.

108. Assessment accuracy from each state and provincial tax authority.

109. International Association of Assessing Officers, *Assessment Administration Practices in the U.S. and Canada* (Chicago: 1992). B.C.'s stature from Gihring, op. cit. note 102, and B.C. Assessment Authority, "Real Property Taxation History and Principles," Victoria, 1995.

110. Discussion of shifting taxes draws on publications of Worldwatch Institute and World Resources Institute (WRI), both in D.C., since 1989, and on Cobb, op. cit. note 103; see Durning, op. cit. note 1.

111. Cobb, op. cit. note 103, and Roger C. Dower and Mary Beth Zimmerman, *The Right Climate for Carbon Taxes* (D.C.: WRI, 1992).

112. Vehicle-use pricing from ECO Northwest et al., *Evaluating Congestion Pricing Alternatives* (Seattle: PSRC, 1994).

113. Oregon Environmental Council, Portland, fact sheets, Feb. 1996.

114. FHWA, op. cit. note 54.

115. Amory B. Lovins and L. Hunter Lovins, "Reinventing the Wheels," *Atlantic Monthly*, Jan. 1995. Western Wash. Univ. from Rocky Mountain Institute, "Hypercars: Answers to Frequently Asked Questions," Snowmass, Colo., 1995.

116. Bikes from Nelson and Shakow, op. cit. note 31.

117. Vancouver growth from Price, op. cit. note 2. Workers from Ross Howard, "Greater Region May Be Misnomer," *Globe and Mail*, Dec. 9, 1994. Seattle growth plans from PSRC, op. cit. note 27. County plans from 1,000 Friends of Washington and U.W. Growth Management Planning and Research Clearinghouse, *Growth Management or Planned Urban Sprawl?* (Seattle: 1993).

EDUCACIÓN Y
FORMACIÓN FAMILIAR

Niños

DIFERENTES:

cómo dominar el Trastorno por Déficit de Atención e Hiperactividad (TDAH)

María Rosas

GRUPO
EDITORIAL
norma

Bogotá, Barcelona, Buenos Aires, Caracas, Guatemala, Lima, México, Miami, Panamá, Quito, San José, San Juan, San Salvador, Santiago de Chile, Santo Domingo

Primera edición: octubre de 2002
D.R. © María Rosas, 2002
D.R. © Norma Ediciones, S.A. de C.V., 2002
Av. Presidente Juárez 2004
Fracc. Industrial Puente de Vigas
Tlalnepantla, Estado de México
CP 54090
México

www.norma.com

Editora de la serie: Claudia Islas Licona
Diseño de colección y portadas: LaCarmela diseñadores
Tipografía, diseño y cuidado editorial: Servicios Editoriales 6Ns, S.A. de C.V.
Ilustraciones: Alfonso Rangel

ISBN de la serie 970-09-0490-3
ISBN 970-09-0537-3
CC 07835

Contenido

Presentación de la Colección Educación y Formación Familiar

Quienes somos padres de familia sabemos que los niños no llegan al mundo con un instructivo adherido al cordón umbilical; a los padres no se nos enseña sobre el difícil arte de educar. Tampoco se nos explica cómo ejercer la dura labor de la crianza cotidiana.

Guiada por la duda en estos titubeantes pero maravillosos años de ser mamá, además de cambiar pañales, limpiar narices mocosas, hacer torres medianas y pequeñas, enmarcar dibujos de elefantes con cabeza de zanahoria, entonar divertidas canciones infantiles y firmar diarios de tareas a las 9:30 de la noche, también me he dedicado a consultar con cuanta mamá cruza por mi camino para saber si ellas, como yo, se sienten abrumadas por las dudas. Y créanme que todas, absolutamente todas, han respondido de manera afirmativa y tampoco han encontrado en libros ni revistas las respuestas a sus maternales preguntas.

La trillada frase "nadie nos enseña a ser papás" es muy cierta, pero en el caso de los padres de familia actuales se complica todavía más porque, además de que los niños no traen indicaciones para su manejo, hoy recibimos una gran cantidad de información del exterior que no sabemos cómo manejar. En efecto, ahora ya tenemos conocimiento de que la dislexia no se corrige con un reglazo, que los niños zurdos son tan normales como los diestros y no tenemos por qué obligarlos a escribir con la mano derecha. También nos han explicado que los niños que antes se portaban muy, pero muy mal y eran expulsados de todas las escuelas, tenían déficit de atención y nadie sabía siquiera que eso existía, pero los adultos y principalmente las escuelas los rechazaban.

Los avances de la pedagogía, la declaración de los derechos de los niños y la vivacidad con la que ahora nacen los pequeños nos han enseñado, asimismo, que los gritos y los golpes deben quedar completamente desterrados de nuestros patrones educativos, porque atentan contra el sano desarrollo físico y emocional del menor.

A pesar de este "boom" informativo acerca de todos los aspectos de la crianza, los niños de antes como los de ahora tienen muchas cosas en común: necesitan atención, afecto, la presencia siempre amorosa de la madre, alimento y educación. Pero las madres de antes y las de ahora no tenemos ya casi nada en común.

De todas esas conversaciones con otras mamás surgió la idea de esta colección de libros. Quiero aclarar que no se trata de libros feministas. Afortunadamente para los niños, para los papás y para nosotras, los hombres tienen una presencia cada vez mayor en la formación de los hijos. Sin embargo, hablo de la mamá no como alguien que pertenece al género femenino, sino como la persona encargada de ejercer la profesión de la maternidad.

Se trata de una colección de libros que nos permite conocer los testimonios de otras mamás. Testimonios que nos sirvan también para reflexionar ya que, al final de cada capítulo, se presentan algunas preguntas que, además de invitarnos a pensar en la relación que tenemos con nuestros hijos, nos dan la oportunidad de tomar nota de cómo nos afectan estos relatos ya que nos sentimos identificados. Asimismo, se presentan algunos juegos entretenidos que refuerzan las definiciones de los principales ingredientes de las relaciones padres-hijos.

La idea principal al preparar esta colección fue la de hacer sentir a los lectores que, como mamás, no estamos solas en nuestros agobios educativos: éstos no acabarán en el corto plazo. Si primero fue el temor a la lactancia materna, a las desveladas y a la tardanza del niño para gatear, después vienen los conflictos con la televisión, los "no quiero comer", las tareas, las malas palabras. Más adelante tenemos que enfrentar la crisis de los púberes, sus murmuraciones sobre nosotros, sus padres, los azotones de puerta, los permisos. En fin, la preocupación por los hijos parece no acabar. Eso es lo que dice la abuela de los míos: "Cuando son pequeños sufres porque los tienes y no sabes qué hacer con ellos, cuando crecen te angustias porque no sabes qué hacer sin ellos". Vistas así las cosas, divirtámonos educando a nuestros hijos. Disfrutémoslos y digamos todas las mañanas frente a un espejo que, después de todo, la maternidad es lo que nosotras queremos que sea: puede ser divertida o frustrante, amarga o deliciosa, triste o llena de sorpresas. Pero siempre será toda una aventura.

Introducción

Los libros de crianza infantil mencionan que los niños necesitan ser queridos, respetados, e incluso, aplaudidos por lo que son en lugar de por lo que hacen. Me parece que a ningún padre de familia le cabe la menor duda al respecto, pero cuando se tiene en casa a un niño con déficit de atención —con o sin hiperactividad—, los reconocimientos y los aplausos se desvanecen cediendo territorio a la frustración, al malestar, al enojo y, sobre todo, a la culpa. ¿Qué es lo que estoy haciendo mal para que mi hija sea tan perezosa en la escuela? ¿Qué hice mal para que mi hijo no me respete?

A muchos padres de familia, los avances en la pedagogía y en la psicología ya nos convencieron sobre lo importante que es aceptar al niño tal y como es. Sin embargo, es doloroso criar a un niño que ni él mismo sabe quién es, qué le pasa o por qué lo rechazan, incluso sus papás. Y a pesar de todos los logros de la ciencia, no hay una prueba que nos asegure que el niño padece déficit de atención ni un medicamento que baje la intensidad de los síntomas.

Para elaborar este libro recuperé los testimonios de muchas familias en las que algún miembro tiene déficit de atención. A veces alguno de los hijos, otras tantas la madre o el padre lo padecieron y sus hijos lo heredaron.

Pero todas y cada una de las experiencias resultaron muy penetrantes: desde la del niño que fue expulsado de tres escuelas en menos de dos años, hasta la del adolescente cuyas temerarias reacciones lo han puesto al borde de la muerte en tres ocasiones.

Como padres con hijos que padecen TDA (trastorno por déficit de atención), nos sentimos mal y, aunque sepamos que no es culpa nuestra, nos reprochamos en silencio estarlos criando erróneamente.

Este libro no busca torturar a nadie con relatos dolorosos. Más bien pretende compartir experiencias de niños que padecen el trastorno y recordar a los papás de estos niños que no están solos. Somos muchos quienes nos encontramos en la misma situación y lo más importante es solidarizarnos con nosotros mismos y enfrentar el reto que significa la educación y formación de niños con TDA.

Así que armémonos de paciencia, amor y veamos las cosas en perspectiva. Con el paso de los años estos niños podrán llevar una agenda y una computadora portátil y no dejarán plantado a nadie por olvido ni tendrán que recurrir a su memoria para hacer presentaciones universitarias. Su pareja los apoyará y querrá tal y como son y nosotros, sus padres, recordaremos, hasta puede ser que con nostalgia, aquellas tardes en que ni la historia ni la geografía les entraban por ningún motivo.

La manera en la que estos chicos enfrenten el futuro depende de cómo abordemos el presente con ellos. Por eso: no gritos, no ofensas, no regaños ni golpes. Por lo pronto, eso es lo que yo me repito cada mañana antes de despertar a mi hijo quien padece déficit. A veces las cosas no salen bien y, junto con la llegada del día, empiezan los gritos y las amenazas, pero el intento lo hago.

Para fines prácticos, en este libro se utilizan las siglas TDA para hacer referencia al trastorno por déficit de atención sin hiperactividad o con ésta (TDAH). En varios libros de la materia se utilizan las siglas ADD, ADDH por su traducción al inglés: Attention Deficit Disorder y Attention Deficit Disorder with Hyperactivity.

Dedicatoria y agradecimientos

Este libro está dedicado especialmente a Daniel por sus enseñanzas, a Lucía por su paciencia y comprensión, y a Mario por tantos momentos de frustración compartidos.

También se lo dedico a todos los papás y mamás de niños con TDA y a los profesores que, a pesar de su escasa capacitación en esta materia, los apoyan cotidianamente. A los otros miembros de las familias de estos chicos les pido, en nombre de todos los papás y mamás, que no intervengan y confíen en lo que se está haciendo con los pequeños que tienen el déficit, aunque las palabras Ritalín, electroencefalograma y terapia los asusten.

Agradezco a Laura Villasón y María Elena Miranda de la Fundación DAHNA por su apoyo incondicional y por toda la labor que están realizando para apoyarnos a los padres de familia.

Ofrezco todo mi reconocimiento al doctor Arturo Mendizábal.

1

¿Qué le pasa a mi hijo?

Cuando empezaron las quejas y los reportes escolares me pareció que la escuela exageraba. "Su maestra es odiosa e intolerante", recuerdo que le decía a mi esposo. El diario escolar de José parecía más la libreta de las recriminaciones que el cuaderno de tareas. El primer grado de primaria se había convertido en un tormento para mí. Ya no recuerdo cuántas veces cruce la dirección de la escuela convocada por la directora, pero cada vez que iba y escuchaba los reportes de las maestras estaba segura de que me hablaban de otro niño:

"Su hijo raya el cuaderno de los demás; José se mete por debajo de las bancas y les corta las agujetas a los otros niños; el chico se tumba en el suelo a gritar; a la mitad de la clase se voltea de espaldas a su maestra y sube los pies a la banca del compañero de atrás", etcétera.

La verdadera confusión empezaba cuando, después de toda esa retahíla de reclamos, revisábamos los ejercicios, exámenes y calificaciones del niño: eran excelentes. Sacaba los primeros lugares en inglés y en español.

Durante sus primeros años preescolares no era un pequeño inquieto. Más bien se caracterizaba por ser exageradamente retraído y muy poco sociable. Incluso, la directora del jardín de niños una vez me dijo: "El día que me reporten a su hijo por mal comportamiento lo vamos a celebrar". José era demasiado bien portado desde el punto de vista de los demás, por eso cuando en primaria las quejas empezaron, yo no lo podía creer.

En casa era tranquilo. Podía sentarse a jugar solo sin causar problemas o estar más de una hora armando un rompecabezas o revisando sus libros de aviones. Sin embargo, había muchos rasgos de José que llamaban mucho la atención, porque no eran como los de los demás niños. De hecho, el primer choque de mis expectativas contra la realidad de mi hijo mayor lo tuve desde que él era muy pequeño. Tendría tal vez un año. Era alto y exageradamente delgado, prácticamente no le sonreía a nadie y detestaba que su emocionada y moderna madre lo llevara cada sábado a su clase de estimulación temprana. Recuerdo bien que todos los bebés, excepto él, gozaban de los movimientos, los colchones, la música, el colorido, las resbaladillas. Siempre tenía cara de seriedad, se negaba a cantar o a gatear junto con los otros. Y por supuesto, era la comidilla de las demás mamás quienes se entusiasmaban con todos los avances de sus criaturas gracias al apoyo de la estimulación temprana y siempre, muy sutilmente, me preguntaban qué pasaba con mi hijo. Un día, incluso, me llamó el esposo de una amiga para sugerirme si habíamos pensado en la posibilidad de llevar al niño con un terapeuta porque él notaba que tenía problemas.

Pasó el tiempo y me daba cuenta de que el chico, de apenas cuatro años de edad, no era lo que yo quería: no le gustaban las actividades motrices, no era gordo ni robusto sino lo contrario, no daba besos, no participaba en la clase de música del preescolar, era demasiado serio para su edad, no hablaba de nada con nadie.

Los especialistas aseveran que los niños son muy sociables antes de los cinco años de edad. "A los cuatro años, el niño es capaz de saltar hacia delante. Muestra espíritu aventurero favorecido porque su destreza muscular es mayor. También muestra un gran progreso social: ya casi no juega solo y busca a otros niños para hacerlo, pero en grupos chicos, de dos o tres pequeños", señala Zalman J. Bronfman en su *Guía para padres*. El mío no era así: no respondía a mis expectativas y tampoco era lo que los libros me decían que debía ser.

Tras las conductas problemáticas de José y

"En ocasiones, tenemos menos fe en la capacidad de desarrollo de nuestros hijos que en la de las plantas. Olvidamos que lo que impulsa el crecimiento reside en el interior de cada niño."

Corkille

su falta de coordinación motriz, la escuela me recomendó inscribirlo en clases de natación o llevarlo a alguna terapia de motricidad porque tenía movimientos muy torpes.

Guillermo, mi esposo, y yo, ni tardos ni perezosos hicimos las dos cosas: natación media hora todos los días y una terapia de psicomotricidad una vez a la semana para estimular su buen desarrollo y corregir las torpezas físicas de José.

Durante dos años la rutina con el niño fue así. Sin embargo, las cosas no mejoraban como sus esperanzados padres anhelaban. Además, el niño se había vuelto muy agresivo, intolerante y retador.

"¿Qué le pasa a mi hijo?", me preguntaba todos los días desde que abría los ojos.

—Hay algo en José que me preocupa, pero no sé qué es. Debemos buscar ayuda —me decía Guillermo.

Una noche, después de meses de angustia y de darnos cuenta que estábamos entrampados en un círculo vicioso de gritos, reclamos y agresiones infantiles, mi esposo me dijo que hablaría con un psiquiatra infantil.

—Me niego rotundamente a hacer eso, José no está loco ni tiene más problemas que los que la escuela inventa y tú le crees —le dije furibunda—. Conmigo no cuentes.

A los pocos días me pidió nuevamente que fuéramos, que le diera una oportunidad al niño, que pensara en su beneficio y no sólo en mis prejuicios.

Finalmente acepté, fuimos y el doctor —un psiquiatra infantil— nos explicó en qué consistía una terapia. Nos dijo que no podía darnos ningún diagnóstico porque ni siquiera conocía al niño, pero que teníamos que llenar una serie de cuestionarios y pedirle a la escuela que llenara otros tantos.

Así lo hicimos: le entregamos lo requerido y días después le llevamos a José. Vio al niño durante cinco o seis sesiones, nos citó nuevamente y nos dio su diagnóstico:

"El chico tiene déficit de atención y depresión infantil. Necesitamos un electroencefalograma sólo para descartar algún otro padecimiento. Este estudio me va a ayudar a tener algunos datos sobre el funcionamiento eléctrico del cerebro, y nos permitirá tener la certeza de que no hay algo más", nos explicó.

Asustados, pero convencidos de que era necesario seguir las instrucciones del médico, pusimos manos a la obra y empezó nuestro difícil trayecto por los laberintos del déficit de atención.

A menudo, en la escuela es donde se notan, por primera vez, las características del déficit de atención como problema. Ello se debe a que el ambiente escolar requiere de habilidades que son difíciles para niños con el síndrome, como son, por ejemplo, atención para una tarea, esperar turnos y permanecer sentado.

En la escuela primaria aumentan las demandas hacia el niño para poner atención, por eso es que en la

mayoría de los casos es hasta esa etapa que los síntomas comienzan a manifestarse. Los maestros pueden reportar que es inquieto, que a menudo está fuera de su lugar, es hablador e interrumpe de manera constante, generalmente mira al salón de clase en lugar de ver al profesor o al pizarrón, es autoritario, molesta a sus compañeros y actúa inconsistentemente.

"Recuerdo que un día llegué a la hora de la salida a recoger a mi hijo y una señora me dijo":

—Ahí te buscan.

—¿Quién? —le pregunté.

—La mamá de un compañero de tu hijo que ya está fastidiada de tanto que molesta a su hijo. Llegó muy enojada a preguntar si alguna de las que estaban ahí era la mamá de Patricio Castro.

"Me puse a temblar de rabia e impotencia ¿qué tanto podía molestar un chico a otro como para que su mamá se mostrara tan contrariada? Todavía no sabía que mi hijo, de segundo año de primaria, tenía déficit de atención, pero ese año se dieron las manifestaciones más fuertes del problema: hiperactividad, agresividad, impulsividad y una total falta de atención", expone Laura Castro, mamá de Patricio, de 10 años de edad, y de Marisa, de ocho años.

Como padres de familia nos duele reconocer, y más aún aceptar, que nuestros hijos tienen alguna deficiencia. Y cómo no iba a ser así: en ellos depositamos sueños, expectativas y la idea fija de que "sean los mejores, que sean lo que nosotros no fuimos". ¿Cuántos no hemos soñado con que nuestro hijo sea futbolista o un gran nadador? Y de nuestras hijas, ni qué decir: las imaginamos ocupando los primeros lugares, siendo las estrellas de todos los festivales y, además, siempre obedientes, calladitas, serias y muy bien educadas.

"Cuando detectamos y aceptamos que nuestros hijos tienen algún problema, el choque es brutal. Como

papá o mamá nunca estás preparado para aceptarlo, siempre tienes un modelo de niño perfecto y nuestras expectativas sobre ellos son altísimas. Cuando te dicen lo que tiene tu hijo te sientes muy mal y preguntas: '¿por qué me pasa esto a mí?'", afirma Carmen Islas, mamá de un niño de nueve años de edad con déficit de atención.

"Me desesperaba mucho no saber qué le pasaba a mi hijo. Era muy activo, distraído, no completaba sus tareas, no podía

> *"No es sorprendente que los padres pidan la perfección a sus vástagos. Educar a los hijos es una gran inversión pragmática y narcisista. Todos los padres esperan una compensación y esta compensación tiene que ver con el comportamiento de los niños."*
>
> *Leach*

jugar solo pero tampoco podía compartir juegos con otros niños. Era imprevisible en sus actos y no consideraba los riesgos; su hiperactividad lo exponía permanentemente al peligro, corría en lugar de caminar, golpeaba a otros niños sin motivo. También recuerdo que dormía muy alterado, se movía mucho y hacía ruidos extraños. El ambiente familiar era tormentoso. Su papá pensaba que yo era muy intolerante con el chico, pero yo hubiera querido que se quedara con él dos días seguidos revisando tareas, organizando comidas, uniformes, loncheras, baños, etcétera, para ver si no perdía la paciencia como yo. Era un tormento para mí. Sin embargo, al mismo tiempo me sentía profundamente culpable. Mis sentimientos eran de enojo contra el niño y de obligación de quererlo y aceptarlo como era", expone Teresa Martínez, mamá de Pablo, de nueve años de edad, y diagnosticado con déficit de atención, hiperactividad e impulsividad.

"Una amiga muy cercana fue la que notó comportamientos diferentes en mi hijo de siete años y me sugirió llevarlo con un neurólogo. Yo le decía que a mi hijo no le pasaba nada y que sólo necesitaba mano dura, un par de nalgadas y listo. Mi esposo compartía conmigo la idea de endurecer nuestra autoridad con Sebastián. Pero siempre nos quedaba la duda sobre si el niño tendría algún problema neurológico. Finalmente, cuando nos animamos a averiguar qué pasaba con él, sentí un gran alivio al saber que no era yo la que estaba fallando en la educación del chico", comenta Marilú Hernández.

Todos los testimonios de papás de niños con déficit de atención resultaron desgarradores. Sobre todo porque, hasta antes de tener el diagnóstico, no sabemos exactamente qué pasa con nuestros hijos.

Un chico con alguna discapacidad se reconoce de inmediato: o no ve, o no escucha, o sus rasgos físicos manifiestan su lesión cerebral, o usa una silla de ruedas. Por ello los padres lo tratan de acuerdo a su realidad. Generalmente no le pegan, no le gritan y conocen el diagnóstico médico. Esto se debe a que el estudio de muchas de las diferentes discapacidades tiene ya muchos años de historia recorrida. Hay investigaciones, avances y, sobre todo, en muchos países los discapacitados tienen ya un lugar en la sociedad. No es como antes, que se les escondía o simplemente se esperaba a que fallecieran.

En el caso del déficit de atención si bien ya existía, no fue sino hasta hace una década cuando se pudieron definir sus características con mayor exactitud. Por eso, hay poca información —aunque cada vez existen más organizaciones dedicadas a difundir los síntomas del trastorno— y los padres de familia no saben qué hacer cuando su hijo presenta ciertas características típicas del déficit.

Mariana Flores Lot, psicóloga, explica que desde el siglo pasado se ha tratado de definir el déficit de atención como hiperactividad ya que se suponía que los niños que lo padecían presentaban alguna alteración neurofisiológica y que eran retrasados mentales. En 1902 se le definió como "defecto en el control moral", y en la historia médica se empezó a tomar en cuenta cuando el pediatra británico George Still publicó el caso de niños con problemas de atención y conducta bajo la sospecha de que tendrían lesión cerebral. Entre 1917 y 1922 una serie de epidemias recorrió Europa dejando secuelas inflamatorias en el cerebro infantil y los niños afectados presentaron alteraciones conductuales antisociales, hiperactividad y una gran falta de capacidad para concentrarse. En 1932 se descubrió que un grupo de niños con traumatismo craneoencefálico presentaba las mismas conductas. Durante las décadas de 1940 y 1950 a estas conductas se les dio el nombre de "daño cerebral mínimo" y cuando los investigadores encontraron que niños sin ninguna lesión cerebral tenían esos mismos comportamientos se le cambió el nombre por el de "disfunción cerebral mínima". Posteriormente, cuando se consideró que la hiperactividad era el síntoma observable se le dio el nombre de "desorden hiperquinético impulsivo" o "hiperactividad". Sin embargo, también se encontró esta condición en niños que no presentaban hiperactividad y que el síntoma más notorio era la falta de atención; entonces se adoptó el término de "desorden del déficit de atención/hiperactividad".

La falta de información nos lleva a quejarnos de la conducta de nuestros hijos. Intentamos todo: desde castigos físicos y sociales hasta amenazas y chantajes. Los niños con déficit de atención son, en su mayoría, maltratados, golpeados, abusados psicológicamente: "Eres un desobediente", "eres un tonto", "¿estás sordo?", "eres un burro", "eso te pasa por no fijarte". Suelen ser

expulsados de las escuelas, causan enormes desajustes en el funcionamiento familiar y son permanentemente rechazados de los diferentes grupos sociales.

De acuerdo con el doctor Saúl Garza, neurólogo pediatra y Jefe del Departamento de Neurología del Hospital Infantil de México "Federico Gómez", el déficit de atención, reconocido por la Organización Mundial de la Salud como un trastorno del desarrollo, no es nuevo. Lo que sucede es que no estaba tan claramente identificado ni tenía este nombre. "Antes se le conocía como disfunción cerebral mínima e incluía la dislexia, la falta de atención y problemas de lectura y escritura. Las investigaciones se han ido depurando y ello ha permitido establecer criterios para este padecimiento de origen genético. En la última década se han afinado los conceptos de los médicos. Sin embargo, el diagnóstico del trastorno por déficit de atención sigue siendo clínico, es decir, no hay una prueba que se realice en el chico y nos dé un resultado positivo o negativo y eso es una desventaja importante. Actualmente se está trabajando en la identificación de los genes que lo producen para tener una prueba efectiva de detección rápida y se pueda aprender más del problema", señala.

"Elena, mi hija de nueve años, es muy seria y bien educada. Sus maestras me han dicho que tiene una buena conducta dentro del salón de clases pero por lo general está distraída y en casa no puede concluir sus tareas porque ignora las instrucciones —que también olvida anotar—. Tiene un buen desempeño académico y su promedio es de ocho. El problema es que una actividad que a cualquier niño le llevaría 10 o 15 minutos, a ella le lleva hasta media hora y evita terminar lo que empezó. No tiene una buena relación con sus compañeros porque parece vivir en otro mundo. En varias ocasiones ha olvidado la mochila en la escuela. Yo intuía que algo le pasaba porque me parecía anormal que se le olvidaran las cosas tan frecuentemente, y siempre le decía 'mi hijita, vives en la luna'. No pensaba que le estaba haciendo daño a su autoestima", afirma Aurelia Alfaro, mamá de Elena, de Alejandra, de siete años de edad, y de Federico, de tres años.

Tampoco Ana María González sabía qué le pasaba a su hijo. "'¿Por qué tu hijo Manuel es tan desobediente?', me preguntaban mis hermanos. Yo sentía pena de tener un hijo así. Lo expulsaron de tres escuelas, sus maestros lo calificaban como 'el típico niño problema', responde cuando nadie le ha preguntado, es muy descuidado en su persona, trabaja muy sucio, es impaciente, impulsivo y tiene nula capacidad de tolerar la frustración. Y lo podrán expulsar de la escuela, pero no lo puedo expulsar de mi casa. Mi esposo me dice que yo soy culpable porque lo consiento demasiado, pero en realidad lo maltrato mucho en su autoestima. Le grito, me desespero y hasta un bofetón ya le di por respondón."

"Los niños que crecen pensando que deben agradar a todo el mundo, sufrirán de ansiedad y dudarán de sí mismos. Su autoestima dependerá únicamente de los demás."

Steede

No sólo los padres nos hemos preguntado ¿qué le pasa a mi hijo? El comportamiento de estos chicos también puede desajustar las estructuras escolares hasta que acaban siendo "invitados a abandonar la escuela."

Claudia Martínez es maestra de cuarto año de primaria y tiene un alumno diagnosticado con déficit de atención. "Me desconcertaban totalmente sus actitudes. A la mitad de la clase se tiraba en el suelo a gritar, desconcentraba a sus compañeros. Rayaba los recados que les mandaba a sus padres, me retaba y, por supuesto, no ponía atención en clase. Ningún equipo del salón lo quería dentro. Sin embargo, tenía muy buenas calificaciones. Yo siempre trataba de tomarlo desprevenido con alguna pregunta relacionada con el tema que estábamos viendo e increíblemente me respondía perfectamente bien. Tenía una excelente ortografía, era bueno para las matemáticas, en su persona era un niño que siempre iba muy limpio. Llegamos a pensar que se aburría y por eso actuaba de esa forma, pero emocionalmente era demasiado infantil como para adelantarlo un año y que sobreviviera en la jungla que representan los salones de quinto de primaria. En definitiva sus padres decidieron cambiarlo de escuela. Pero me parece que este tipo de niños es un reto para cualquier maestro", expone.

Mi hijo, ¿diferente?

Una de las realidades más difíciles de aceptar para un padre de familia es el hecho de que su hijo sea diferente. Ni peor, ni mejor. Simplemente distinto y con un ritmo propio de crecimiento, desarrollo y madurez.

Yo siempre fui una mamá lectora de todo lo que encontraba relacionado con la crianza. Para mi infortunio, José no respondía a ningún tipo de patrón. El pediatra nos decía que todos sus indicadores eran los de un niño normal, comía muy bien, crecía a pasos acelerados, convivía con su hermana, en la escuela no había problemas. Pero no respondía a mis aspiraciones. Recuerdo que mientras todos los niños del equipo de fútbol corrían detrás de la polvosa pelota, mi hijo se entretenía en una esquina de la cancha persiguiendo hormigas o agarrando puños de tierra y lanzándolos al aire mientras corría. "Pero si ya tiene siete años, esas cosas las hacen niños más pequeños", pensaba avergonzada de su comportamiento. Y es que su forma de proceder no respondía a lo que mis lecturas afirmaban y tampoco era el comportamiento socialmente esperado de un niño de siete años. Yo hubiera querido verlo correr y terminar el entrenamiento bañado en sudor, cansado y entre felicitaciones de las mamás: "¡José, metiste un gol, felicidades!"

Nos subíamos al auto de regreso a casa y yo no paraba de reclamarle su actitud: "Tú no sabes lo que significa para mí traerte. No aprovechas lo que te damos y menos aún entiendo lo que te pasa".

El niño solamente me veía con curiosidad y sin escuchar.

Para mí, los siete años fue una de las edades de mayor conflicto con José. Simple y sencillamente no respondía a lo que yo esperaba y, menos aún, se apegaba a lo que la mayoría de las mamás comentaban sobre sus hijos de esta "maravillosa edad". Mis expectativas se derrumbaban todos los días al revisar sus cuadernos: "¡Qué letra, niño!, ¡y ese recado de la maestra!, ¡olvidaste otra vez tu bolígrafo en la escuela!"

Mi idea de que algo pasaba con él se manifestaba cotidianamente en la lluvia de preguntas que le hacía intentado obtener una respuesta: "¿Por qué no quieres jugar béisbol? ¿Qué te pasa en la natación que no hablas con nadie? ¡No me contestes así! ¡Qué agresivo eres ¿eh?, voy a hablar con tu papá porque yo ya no puedo más contigo!"

Por supuesto que toda esa angustia, rechazo y frustración que me producía el hecho de que el niño no se pareciera a los demás ni fuera como los libros dicen, se la transmitía directamente a la autoestima de la criatura. "¡Qué grosero eres! ¡Cuando hablo contigo siento que hablo con una pared!

Lo peor es que pensaba que con esa retahíla de reclamos el niño iba a entender y modificaría su comportamiento. "¿Qué más puedo hacer con él para que sea normal?", me preguntaba desesperada.

Y como "buena mamá" que soy, me culpaba constantemente tratando de averiguar en qué había fallado para que mi hijo no tuviera la coordinación motriz que tenían los niños de su edad, no sintiera pasión por los deportes y tuviera tantos problemas para desenvolverse socialmente.

Carlos es un niño más con déficit de atención; a sus 11 años de edad ya se rompió una pierna, un brazo y tres dientes. Erika, su mamá, no entendía por qué su hijo era tan atrabancado en todas sus actividades. Todo el tiempo se la pasaba corriendo, brincando de un lado a otro, parecía no escuchar, no seguía instrucciones. "Yo lo enviaba a lavarse los dientes y me decía que sí, pero al llegar a su cuarto lo encontraba

> *"Entender la naturaleza del comportamiento del niño con déficit de atención es crítico para los padres. Primero, es importante entender que el comportamiento básico es manejado por la neurofisiología del niño. Esto puede aliviar mucha culpa y búsqueda de errores propios."*
>
> *Flick*

haciendo otra cosa. Entonces le preguntaba si ya se había lavado los dientes y me decía que sí, pero en realidad no lo había hecho porque olvidaba la instrucción", cuenta esta mamá.

"El problema de mi hijo, más que la falta de atención, es la impulsividad: es capaz de destruir todo lo que está a su paso si las cosas no salen como él quiere. Se me ha ido encima un par de veces y una vez aventó su reloj por la ventana del automóvil en marcha. Me daba pavor cuando se ponía así, porque era verdaderamente incontrolable. Tenía que estacionar el auto y asegurarme que se tranquilizara, porque de no ser así, Jaime hubiera sido capaz de aventarse por la ventana", afirma Maricruz Santaella, mamá de Jaime de 12 años de edad.

"Lo que más me dolía de la relación con mi hijo es que sentía que no lo quería por su manera de ser. '¿Qué más le puedo dar a este niño que tiene todo?', me preguntaba. No entendía por qué era tan grosero conmigo. Pensaba que yo era la culpable porque no le había puesto límites. También culpaba a su papá por darle todo lo que el niño pedía. En casa se hacía lo que Fernando, de 10 años de edad, decidía. Muchas veces llegué a desear que Fernando y su papá se fueran de la casa. Yo ya no podía más. Un día, después de una rabieta, el niño me escupió en la cara y mi reacción inmediata fue darle una cachetada. El niño se fue furioso al baño y empezó a aventar todo y a golpearse la cabeza contra la pared. Sentí mucho miedo y mucha impotencia. Sentía tristeza por mí, pero sobre todo por él. Esas conductas ya no eran un simple berrinche. Me pregunté '¿qué tiene el niño para sentirse así?'. Entonces fue cuando decidí buscar ayuda. Claro que en la escuela tenía problemas de conducta, pero nunca habían tenido más consecuencia que un reporte", comenta Estela Benítez, mamá de Fernando y de Camila, de seis años de edad.

El marasmo de confusión que envuelve la conducta de un niño con déficit de atención es lo que nos lleva a dudar respecto a nuestro adecuado funcionamiento como padres de familia. Y antes de saber que nuestros hijos padecen este trastorno de déficit de atención —con hiperactividad o sin ella, con impulsividad o sin ella—, no entendemos, y menos aún aceptamos, que nuestro hijo sea diferente.

"Durante mucho tiempo pensé que el comportamiento de mi hijo Ramón era común en un niño de su edad —nueve años—, cuando empezaron las quejas y nuestro propio fastidio hablamos con el niño y pensamos que había comprendido que su comportamiento no era el adecuado para poder convivir con los demás. Lo amenazamos con que iría a una escuela militarizada y se asustó tanto que prometió portarse bien. Dos días después lo suspendieron en la escuela debido a que se puso a escribir malas palabras en el pizarrón. Cuando llegué a recogerlo a la escuela estaba convertida en una fiera: '¿Qué es lo que te pasa? ¿Eres tonto y no entiendes que debes portarte bien en la escuela?'. El niño empezó a llorar y me dijo que no sabía lo que le pasaba, que trataba de portarse bien pero no podía. Incluso, me dijo 'mamá, tal vez estoy loco'. Entonces me partió el corazón darme cuenta de que el chico estaba igual o más desesperado que yo. Lo abracé y le prometí que juntos encontraríamos la solución. Hablé con una amiga quien es terapeuta infantil y me sugirió ver a un neurólogo quien le diagnosticó déficit de atención", expone Maru Landa, mamá de Ramón y de Jordi, de seis años de edad.

Cuando empecé a escuchar todas estas historias, se agolparon en el cajón de mis recuerdos anécdotas de José que ya no recordaba. Son detalles que rompen totalmente con el comportamiento característico de un niño de su edad.

A los cuatro años, un día lo lleve a su revisión pediátrica anual y el niño iba hecho una fiera. Entró

> *"La mayoría de los niños, ya sea que lo expresen o no, se preocupan mucho porque sus padres los aprueben, confíen y crean en ellos. Los niños y adolescentes con déficit de atención pueden desalentarse fácilmente con la cantidad de retroalimentación negativa y desaprobación que reciben día con día."*
>
> *Rief*

tan enojado al consultorio del doctor que arrasó con todo lo que pudo. Todavía recuerdo su bracito encima del escritorio del médico empujando violentamente papeles, medicamentos y juguetes. El doctor me decía "no le hagas caso, sigue hablando conmigo como si no pasara nada". José se fue contra lo que estaba en la pared y aventó muñecos y todo lo que estaba a su altura. Me pareció completamente errática la conducta del niño pero no le di mucha importancia.

Años después, una amiga me encargó a sus dos hijos: Pablo y María. La niña era amiga de Natalia, y Pablo y José no eran amigos pero tenían la misma edad. Por supuesto, estuve muy pendiente del cuarteto todo el tiempo, pero en un momento que fui a contestar el teléfono, José decidió que María tenía el cabello muy largo y se lo cortó desde la punta del hombro derecho hasta la punta del hombro izquierdo. Cuando regresé a la habitación —no pasaron más de tres minutos— y vi aquel salón de belleza improvisado me puse a llorar. Castigué a José y me llevé a María a que le arreglaran

el cabello. Afortunadamente la mamá de estos niños era muy amiga mía y comprendió. Los cuatro niños fueron castigados durante un mes sin poder usar tijeras. Y aunque me decían que el comportamiento de José era normal, a mí me parecía que rebasaba lo "normal".

Otra anécdota que me vino a la memoria fue cuando el niño me hizo un berrinche de dimensiones espectaculares en el automóvil: empezó a aventar por la ventana los lápices de colores, plumones, tijeras y pateaba el respaldo del asiento delantero mientras me gritaba "ojalá y te mueras". Sentí pánico de pensar que el niño se aventara por la ventana, así que me estacioné a esperar hasta que el niño se tranquilizara.

"¿Qué le pasa a mi hijo?", me preguntaba todos los días. A veces me daba miedo ir a despertarlo por tener que empezar una batalla cotidiana más. Estaba irritable todo el tiempo. La única capaz de calmarlo era Natalia, quien siempre le ha tenido una paciencia infinita a pesar de ser la menor.

Guillermo se preocupaba y le dolía mucho que el niño no tuviera amigos. En el recreo deambulaba solo por el patio de la escuela, el fútbol no le interesaba; tampoco los otros niños parecían interesarle.

El especialista que le daba terapia de motricidad me decía: "Castíguelo quitándole algún privilegio", pero José no tenía interés especial por nada, no tenía programa favorito, no tenía amigos, no jugaba Nintendo, la computadora lo tenía sin cuidado. ¿Qué podía hacer para que mi hijo mejorara su conducta?

Tiempo después entendí que, aunque hubiera tratado de hacer algo, el niño no habría mejorado ya que padecía trastorno por déficit de atención, era impulsivo y requería un medicamento.

Preguntas

Como padres de familia, siempre tenemos muchas expectativas respecto a nuestros hijos.

1. ¿Somos realistas?
2. ¿Cómo reaccionamos cuando nos damos cuenta de que nuestro hijo es diferente?
3. ¿Lo aceptamos tal y como es? ¿Nos atrevemos a reconocer frente a nosotros mismos que lo rechazamos?
4. ¿En realidad nos hemos puesto a realizar un inventario de todo aquello que no aceptamos de nuestro hijo?
5. ¿Sabemos cómo anda su autoestima?
6. ¿Nos sentimos culpables de que nuestro hijo sea diferente? ¿Por qué?

Mis conclusiones

_____

_____

_____

_____

_____

_____

_____

_____

El diagnóstico

En casi todas las familias donde hay un miembro con déficit de atención, éste fue detectado en la escuela. Pero muchos padres nos preguntamos si acaso no todos los niños muestran signos de hiperactividad o impulsividad alguna vez en su infancia. La respuesta es sí, pero en el caso de los niños con trastorno por déficit de atención (TDA), dichas conductas son la regla y no una excepción.

De acuerdo con el doctor Arturo Mendizábal, paidopsiquiatra (psiquiatra infantil), si bien la escuela es el lugar en donde se detecta el trastorno del niño, también es cierto que ésta ha contribuido a sobrediagnosticar a los infantes, y para muchas de las psicólogas escolares, si algún alumno rompe las reglas ya es calificado como un niño con TDA.

"La respuesta definitiva solamente la puede dar un especialista entrenado en psiquiatría infantil tras una evaluación cuidadosa y detallada de cada caso", expone el especialista.

También el doctor Juan Carlos Reséndiz, neurólogo pediatra, coincide en que no es tan sencillo diagnosticar a un niño con TDA porque no existe ningún marcador biológico, ningún estudio específico que nos diga si el niño padece o no el trastorno. "Esto se detecta por datos clínicos. Es decir, por toda la información que den los padres y los maestros sobre el comportamiento del chico. Sin embargo, hay que hacer una valoración neurológica para descartar cualquier otro problema y también se deben realizar diagnósticos diferenciales de enfermedades pediátricas. El asma, por ejemplo, provoca que el niño tenga periodos cortos de atención. A veces también es necesario aplicar pruebas auditivas y visuales que nos ayuden a descartar que hay fallas en esas áreas. Los exámenes psicométricos pueden ayudar a obtener algunos indicadores, pero el testimonio de padres y maestros es muy importante en el diagnóstico", explica.

De acuerdo con la literatura especializada basada en el Manual Diagnóstico y Estadístico de Trastornos Mentales DSM1V, el trastorno por déficit de atención con hiperactividad e impulsividad (TDAH) consta de una serie de síntomas y signos principales de los que destacan:

Síntomas de falta de atención:

- El niño se equivoca frecuentemente por no poner la suficiente atención a los detalles, o comete errores por descuidos en sus tareas, trabajos u otras actividades.
- Tiene dificultad para mantener la atención en sus tareas y en sus juegos.
- A menudo parece no escuchar cuando se le habla directamente.
- Le cuesta trabajo seguir instrucciones y terminar las tareas, encargos u obligaciones.
- Tiene dificultades para organizar sus quehaceres escolares o actividades.
- Le molesta o evita hacer tareas o trabajos en los que deba realizar un esfuerzo mental.
- Es frecuente que pierda los objetos que necesita para realizar sus actividades escolares.
- Se distrae con gran facilidad.
- Es descuidado con sus actividades cotidianas, las hace mal, rápido o se le olvidan.

Síntomas de hiperactividad-impulsividad:

- Se mueve constantemente.
- Se para de su asiento en los lugares y momentos en los que se supone debería estar sentado.
- Brinca y corre en lugares y en situaciones en las que no debería hacerlo.
- Cuando juega, lo hace siempre hablando o gritando y no puede permanecer callado o tranquilo.
- Responde antes de que se le pregunte.
- Tiene dificultades para esperar su turno.
- Suele interrumpir o meterse en las conversaciones de los demás.

- No puede esperar la gratificación, quiere las cosas "en este preciso instante".
- Conoce las reglas y sus consecuencias, pero repetidamente comete los mismos errores e infringe los reglamentos.
- No piensa en las consecuencias por lo que puede ser muy temerario.
- Tiene dificultad para inhibir lo que dice; hace comentarios carentes de tacto; dice lo que se le ocurre y reclama a las figuras de autoridad.
- No se toma tiempo para corregir su trabajo ni para leer las instrucciones.

Para evaluar si una persona tiene TDA, los especialistas consideran varias preguntas críticas:

¿Los comportamientos son excesivos, a largo plazo y penetrantes?, es decir, ¿ocurren más a menudo que en otras personas de la misma edad?

¿Son un problema continuo y no sólo una respuesta a una situación temporal?

¿Los comportamientos ocurren en varios marcos o en un lugar específico tal como el campo de recreo o la casa de los abuelos?

El esquema de comportamiento de la persona es comparado con un conjunto de criterios y características del trastorno. Éstos aparecen en el libro diagnóstico de referencia llamado *Manual Diagnóstico y Estadístico de Trastornos Mentales*.

Sandra Rief, en su libro *The ADD/ADHD check list. An easy reference for parents & teachers*, afirma que para considerar el diagnóstico de trastorno por déficit de atención, el niño debe mostrar al menos seis de las características de falta de atención mencionadas o seis de las características de impulsividad e hiperactividad. Estas conductas deben ser evidentes antes de los siete años de edad por un periodo mayor a los seis meses. Asimismo, debe encontrarse que los comportamientos de falta de atención, impulsividad e hiperactividad existen hasta un grado que sean incoherentes respecto al nivel de desarrollo del niño y alteren su adaptación social. "Los síntomas deben mostrarse en más de una circunstancia y ser lo bastante serios como para estar afectando el funcionamiento exitoso del niño en la casa y en la escuela", señala Rief.

Alejandra Tena, psicóloga infantil, afirma que cuando estamos frente a un caso de TDA es muy frecuente que la madre esté desesperada, angustiada y deprimida con serios problemas en la dinámica familiar y en la escuela del niño. "Muchas veces,

"Siempre pensé que sería una buena mamá, hasta que mi hijo con déficit de atención me corroboró lo opuesto."

Anónimo

a pesar de todo lo que nos cuentan, las mamás suelen negar que su hijo padezca el trastorno. Pero la negación del padre a veces es mayor y ello es uno de los principales obstáculos para el tratamiento."

En mi caso fue exactamente al contrario. Guillermo fue el primero en buscar ayuda; él sospechaba que José tenía algún problema neurológico pero dice que era tan grande mi negativa a aceptarlo que por eso no insistió mucho, sino hasta que las cosas con el niño fueron empeorando.

"Lo que más me duele de que mi hijo tenga TDA es el daño a su autoestima; el que haya vivido ante el

regaño constante, ante nuestra desaprobación, frente a nuestras agresiones verbales y físicas que no eran otra cosa más que producto de la impotencia y la desesperación que causa vivir con un niño con déficit de atención. Afortunadamente ya está tomando medicamento, va a una terapia y tiene todo nuestro apoyo", afirma Andrea Buenrostro, mamá de José Luis, de 10 años de edad.

De acuerdo con los expertos en el tema, el grado de afección emocional es tan alto que incluso puede llevar al chico a la depresión. En algunos casos se ha descrito el desarrollo de conductas antisociales y delictivas en adolescentes y adultos con historias de trastornos de atención y depresión. Y esto no resulta exagerado si pensamos en la manera en cómo han sido agredidos y rechazados por la sociedad.

Yo misma reconozco la gran cantidad de veces que agredí emocionalmente a José, producto del desconocimiento de lo que sucedía con él. Yo, como tantas otras mamás de niños con este trastorno, le grité, lo regañé injustamente y lo maltraté de manera verbal.

El TDA es un trastorno del desarrollo que afecta a los niños pero que puede prevalecer en la edad adulta. La característica más importante es que el afectado presenta periodos cortos y variables de atención.

De acuerdo con el doctor Reséndiz, el déficit de atención es una falla química del cerebro. Los niños con TDA no producen suficiente dopamina, cuya función es la de enviar información al área frontal del cerebro en donde están las funciones de concentración y atención.

"Las neuronas del área frontal del cerebro liberan dopamina, que es la molécula o neurotransmisor que lleva la información de una neurona a otra. La neurona receptora recibe la dopamina y puede enviar la información de atención-concentración. (Las sustancias más importantes para estas funciones son la dopamina y la noradrenalina.) Cuando la dopamina se pega

"Si la persona con TDA no ha estado en tratamiento, cuando llega a la adolescencia tardía y a la adultez, presenta dificultades para conseguir y mantenerse en un empleo, tener una pareja estable, para mostrar conductas equilibradas, cumplir con los compromisos contraídos, para no perder las herramientas de trabajo, y mantener un orden en sus pertenencias. Además, desarrolla características tales como ser muy irascible, hablar sin control o timidez excesiva; que suelen ser síntomas del TDA en la adultez."

Fundación para la Asistencia, Docencia e Investigación Psicopedagógica

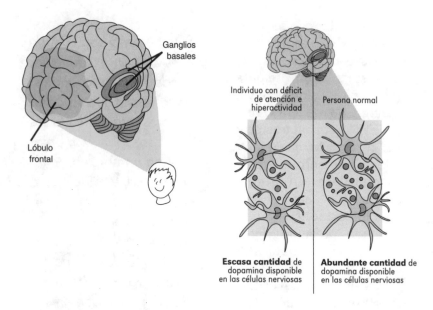

a los receptores, se crea una enzima que la destruye y la vuelve a capturar. Algunos medicamentos, como el Ritalín, evitan que la dopamina se destruya rápido y esté más tiempo en contacto con el receptor, permitiendo al niño tener periodos más largos de atención", explica Reséndiz.

"Dos sustancias químicas que utilizan las neuronas para comunicarse entre sí, dopamina y noradrenalina, están alteradas en los niños con déficit de atención e hiperactividad, pero no en sujetos sanos."

Cuerpo médico del sitio de Internet www.iladiba.com

Para Sonia Lamas, mamá de Enrique, de 14 años de edad, y de Félix, de 11 años, fue muy difícil aceptar que su hijo menor tuviera TDA. "No sólo me costó trabajo aceptarlo, sino tener que darle el medicamento. Mi mayor temor era volver al niño farmacodependiente. Me resistía a aceptar que Félix necesitara una medicina para sentirse bien. Y me fue tan difícil porque yo toda la vida he recurrido a la homeopatía, pero en el caso del déficit de atención la medicina natural no funcionó. Mi hijo iba de mal en peor. Finalmente, acepté el Ritalín cuando el neurólogo me explicó los efectos de la medicina y me garantizó que Félix no se volvería adicto."

Arturo Mendizábal afirma que la causa de una alteración así de compleja como el TDA, que afecta tantos aspectos de la conducta de quien la padece, sólo se explica como resultado de múltiples factores biológicos y psicosociales. "Es decir, no existe un sólo factor al que pueda atribuirse el origen del déficit. Los principales factores biológicos interactúan de manera compleja y van desde los genes hasta los circuitos neuronales del sistema nervioso, pasando por los sistemas bioquímicos. Todo ello produce la disminución de los mecanismos de autocontrol y afecta las funciones cerebrales relacionadas directamente con la atención, la percepción y la anticipación. Respecto a la falta de dopamina en el cerebro del niño con TDA, cabe señalar que ésta también está asociada con la sensación de satisfacción. Así, por ejemplo, cuando alguien termina un trabajo que le llevó tiempo, atención, etcétera, tiene la sensación de estar satisfecho por lo concluido. En el caso del TDA, estos niños no tienen esa sensación por la falta de dopamina, entonces, siempre tienen la impresión de estar vacíos, de que nada les satisface, nada es suficiente y tampoco son capaces de reconocer cuando hacen bien las cosas. Les cuesta trabajo aceptar sus logros, se minimizan. Esto es independiente de todas las cargas de rechazo social que llevan encima. No tienen autosatisfacción interna y ello les genera muchos problemas de autoestima", explica el paidopsiquiatra.

Desafortunadamente, el TDA no es como una infección en la garganta o como un dolor de muelas. No existen pruebas de laboratorio ni análisis que permitan detectarlo y el problema se intensifica aún más porque los síntomas pueden variar mucho entre un paciente y otro.

> *"Hasta el momento en que acepté que mi hijo era diferente, me puse a trabajar en serio conmigo misma y me di cuenta de que parte del problema era mi rechazo."*
>
> *Anónimo*

José, mi hijo, no tiene un grave problema de concentración, por ejemplo. De hecho, cuenta con un muy buen rendimiento académico; sin embargo, tiene cierta dosis de hiperactividad y mucha impulsividad.

Lisa Beltrán, de 13 años de edad, se esmera mucho en prestar atención a su clase cuando va a la escuela, pero se distrae al menor movimiento de sus compañeros. Uno de los momentos más vergonzosos para su mamá fue un día que estaban comiendo en un restaurante. Lisa parecía estar muy atenta a la conversación de sus padres quienes entusiasmados pensaban que por fin habían logrado captar la atención de su hija. Justo en el momento en que llegó la mesera con la charola llena de viandas, Lisa se distrajo, se levantó abruptamente de su silla y tiró la charola con bebidas, comida y el postre de la mesa vecina sobre la asustada mesera.

El neuropediatra Saúl Garza afirma que entre 70 y 80% de los casos aproximadamente, los padres se enteran del problema de atención e hiperactividad de su hijo por las quejas escolares. Los profesores lo notan más inquieto, más distraído que el promedio, con ciertos problemas sociales, intolerante y con poca capacidad de adaptación. También se les reporta que el chico

no sigue instrucciones. Algunos casos pueden venir acompañados de tics (contracción involuntaria de algunos músculos en una o más partes del cuerpo), dificultades en la lectura, en la escritura y dislexia.

"El diagnóstico del TDA es clínico y no se necesita otra prueba. Es suficiente con el estudio rutinario del paciente que incluye otras cosas como una evaluación oftalmológica y una valoración auditiva, así como pruebas psicométricas las cuales se aplican con la ayuda de un psicólogo. Al pediatra le corresponde asegurar que el niño no tiene problemas de tipo tóxico o deficiencia de hierro que también se asocian con la hiperactividad o la distracción; lo mismo sucede cuando hay demasiado plomo en la sangre. De manera paralela, es importante hacer un estudio físico completo del chico y descartar alguna enfermedad neurológica. En el caso de niños de nacimiento prematuro, éstos tienen fallas motrices o de atención. Los mismos síntomas de falta de atención pueden presentarse en el paciente asmático o con enfermedades cardiovasculares. Por eso hay que hacer una historia clínica detallada del chico y de la familia. Ello también contribuye a descartar enfermedades físicas, genéticas o de tiroides que se relacionan con la falta de atención.

El electroencefalograma no es indispensable para hacer un diagnóstico, sin embargo, está indicado en casos muy particulares, por ejemplo, cuando el niño tiene distracción intermitente y el médico sospecha que puede padecer epilepsias de ausencias que causan distracción. Este tipo de estudio es requerido para un grupo pequeño de población. Las tomografías o resonancias magnéticas deben limitarse al grupo de infantes en los que hay una sospecha médica de que se trata de otra enfermedad o cuando el neurólogo o el paidopsiquiatra sospecha que el niño es portador de una enfermedad del sistema nervioso. Pero de ninguna manera estos estudios deben considerarse rutinarios, así como tampoco el de imagen diagnóstica del cerebro", explica Garza.

A ningún padre de familia le da gusto enterarse de que su hijo tiene algún padecimiento. En el caso de los niños con TDA, los papás recibimos la noticia con buen talante y, sin temor a exagerar, yo diría que hasta con tranquilidad. Por fin sabemos qué les pasa a nuestros hijos; finalmente, alguien nos dice que su conducta no es culpa de nuestra falta de límites ni de nuestra debilidad de carácter frente a ellos. Sin embargo, dice Mendizábal, no es tan sencillo diagnosticar a un niño con TDA. Lo difícil del trastorno es saber cuándo no estamos frente a un caso de éstos, ya que el trastorno tiene muchas combinaciones. Se diagnostica por exclusión.

"Mi hijo presenta las características descritas en los estudios sobre el déficit de atención; incluso en la

escuela las maestras me han sugerido en varias ocasiones que lleve a Eduardo con un neurólogo. Así lo
hicimos; el médico lo revisó y le practicó un electroencefalograma. Su diagnóstico fue que el niño no tenía
padecimiento alguno; sin embargo, tenemos nuestras
dudas porque el chico sigue dando muchos problemas
en casa y es muy distraído en la escuela, lo que le causa muchos conflictos. Los medicamentos nos asustan
mucho. Pero estamos tan confundidos que no sabemos
qué hacer", expresa Verónica Badillo, mamá de Eduardo, de nueve años de edad, de Vanesa, de siete años, y
de Ricardo, de tres años.

¿Qué no es el TDAH?

1. Nerviosismo o inquietud en los niños por aspectos emocionales.

2. Una alteración del aprendizaje.

3. Una tara o un retraso intelectual o mental.

4. Una inmadurez transitoria del sistema nervioso central.

5. Una enfermedad hereditaria.

6. La reacción temporal del chico ante las dificultades familiares o escolares.

7. Rebeldía.

8. Un problema irrelevante que se pasa con los años.

9. El resultado de una mala crianza.

10. Un tipo de manía.

Arturo Mendizábal

El doctor Reséndiz explica que muchas veces han llegado a su consultorio padres de familia muy confundidos porque no se explican cómo es posible que su hijo haya sido diagnosticado con TDA si es capaz de estar dos horas frente a la pantalla de la televisión o jugando Nintendo. "El niño con TDA se caracteriza por tener periodos cortos y variables de atención, esto depende de que exista un motivador directo. Es decir, puede ser que el niño esté tranquilamente sentado durante un largo periodo de tiempo viendo la televisión. Para esa motivación directa como es el televisor, el Nintendo o la computadora, el niño no requiere liberar dopamina —el neurotransmisor más importante de la atención y de la concentración—. El motivador directo es algo de mucho interés para el chico, pero si hay algo que se complica, el pequeño pierde inmediatamente la atención y le cuesta trabajo recuperarla."

> *"Tu hijo no tiene nada. ¿Cómo es posible que te digan que tiene problemas de atención si es muy inteligente?"*
>
> *Una mamá solidaria, pero muy desinformada*

Patricia Casado, mamá de Tomás, de 11 años de edad, comenta que siempre todas las mamás tenían genialidades para contar acerca de su hijo, "yo sólo me limitaba a decir que era un buen niño. En el fondo tenía miedo de que fuera débil mental y no me atraía estimularlo, como hacían las otras mamás con sus hijos. Hace tantas travesuras que, cuando me cita la maestra, me imagino siempre lo peor. Ya está en tratamiento con una psicóloga y le recetaron medicamento. Pero yo veo que su problema es tan severo que ni siquiera se concentra viendo televisión o con los videojuegos", afirma.

¿A qué edad se puede diagnosticar el TDA?

Los especialistas coinciden en afirmar que es difícil saber si un niño padece déficit de atención antes de los cinco o seis años de edad, ya que es precisamente durante esa etapa de su vida que están descubriendo el mundo exterior y son inquietos por naturaleza. Para diagnosticar el TDA, la Asociación Americana de Psiquiatría exige que los síntomas señalados aparezcan antes de los siete años y reconoce la importancia de hacer una historia clínica del chico que se remonte hasta su nacimiento.

Juan Pedro Vázquez, psicólogo infantil, afirma que muchas de las historias de sus pacientes con TDA son bastante similares: cuando eran bebés presentaban dificultades de sueño, de alimentación y de llanto sin motivo aparente. Los padres, por supuesto, perdían la paciencia, además de estar muy agotados debido a que tenían que ir a trabajar sin dormir lo suficiente. Los problemas de sueño, alimentación y llanto de estos niños generan ansiedad en los padres y los chicos lo perciben, por lo que se establece un círculo vicioso en la relación que permanecerá con todo y el paso del tiempo. Muchos de estos comportamientos no son tomados demasiado en serio por los padres quienes, algunas veces piensan que su hijo es muy inquieto y juguetón.

En mi caso, la abuela materna afirma que José es un chico perfectamente normal; no entiende por qué tiene que tomar medicina y menos aún las razones de llevarlo con un psiquiatra: "Hija", me dice, "José es un niño normal aunque más sensible que los demás. Tú y tus hermanos hacían lo mismo que hace él. Todos los niños se portan mal, por algo son niños. Exageras. Déjalo en paz". Cada vez que escucho estos comentarios entro en un verdadero conflicto porque no sé si mi madre tiene razón o no. Me hace dudar hasta de mi capacidad

como mamá. Me consuela saber que no soy la única que se siente así. Las abuelas de nuestros hijos se dan a la innecesaria tarea de cuestionarnos todo lo que hacemos con ellos.

Pero digan lo que digan las abuelas, lo cierto es que el ingreso a la escuela primaria cambia el nivel de exigencia y las dificultades del déficit de atención se hacen evidentes. Por eso insistimos en que el docente y la escuela son los detectores privilegiados de esta problemática.

Desde pequeño, mi hijo José tuvo problemas de motricidad y algunas conductas impulsivas. Como dije antes, me parecía que no era muy normal; estaba segura que a su edad podría ya patear pelotas y pensar un poco más antes de actuar. Recuerdo un día que se puso a jugar con una bolsa de viaje que encontró y que tenía mucho tiempo guardada. Adentro, para nuestra mala suerte, había un rastrillo. El niño tenía tres años y le pareció muy fácil rasurarse la cabeza. Afortunadamente entré a la habitación y me di cuenta. Me quedé aterrorizada pero agradeciendo que no se hubiera lastimado.

Roberto Tapia tiene 23 años y hace apenas dos le fue diagnosticado TDA. Recuerda que su paso por la escuela primaria fue bastante tortuoso y que él siempre se caracterizó por su rebeldía. "Nada parecía salirme bien y todos dudaban de mi capacidad. Siempre que terminaba alguna tarea que me había costado mucho trabajo se ensuciaba o se me olvidaba, entonces, los profesores pensaban que era mentiroso y no la había hecho. Yo estaba completamente convencido de que nadie me quería. Mis esfuerzos no valían la pena porque nadie creía en mi. Todos los días me prometía portarme bien, pero no podía. Trataba de ganarme la aprobación de mis compañeros comportándome como el bufón del salón. Estaba ya tan etiquetado que un día un compañero inundó el baño de la escuela y me culparon a mí. Yo ni siquiera había ido a clases. Ahora ya estoy en terapia y tomo medicamento, fumo muchísimo pero no tomo nada de alcohol porque me da miedo perder el control. Mi niñez me dejó una huella muy profunda."

> *"Deja de gastar en médicos y en terapias. Unas nalgadas en el momento del berrinche y problema solucionado."*
>
> *Varias abuelas de niños con déficit de atención*

El trastorno por déficit de atención presenta diversos grados de severidad. Asimismo, existen diferentes subtipos de éste. Por tanto, podemos encontrar a pacientes que solamente tienen problemas de atención, otros que tan sólo son hiperactivos-impulsivos y los casos más difíciles son los que presentan una combinación de los dos anteriores.

Saúl Garza afirma que hay un grupo de niños que no tiene mayor problema conductual o académico. Este grupo está integrado por chicos suficientemente inteligentes, lo que compensa su problema. Pueden requerir un tipo de apoyo terapéutico pero no farmacológico. Cabe aclarar que no todos los niños con TDA requieren medicamento. "Si el niño tiene la historia familiar, los síntomas, pero su relación social es aceptable, no requiere medicina. Por otro lado, puede haber un niño en quien la sola intervención terapéutica y familiar sean suficientes. Existe otro porcentaje que no responde a fármacos; sin embargo, más de la mitad de la población escolar con TDA se beneficia con medicamentos, terapias individuales y terapias familiares."

Los neurólogos pediátricos y los paidopsiquiatras coinciden en que el tratamiento farmacológico es extraordinario para el manejo de estos niños, aunque reconocen que el medicamento —que exclusivamente puede ser recetado por médicos— por sí solo no es suficiente. "El fármaco", asegura Garza, "debe escogerse de acuerdo al perfil clínico del niño. No todos los pacientes responden a la misma medicina. Incluso, en algunos casos podrían aumentar los síntomas en el afectado. Hay que ser muy cuidadoso. Administrar medicamento al niño con TDA debe entenderse como una parte del tratamiento integral en el que la gragea debe hacer equipo con una terapia familiar, una terapia del paciente y la intervención escolar. Esto nos dará un éxito de entre 85 y 90%".

Se ha comprobado que el metilfenidato es la sustancia que contribuye al tratamiento del TDA; su nombre comercial es Ritalín y su función es la de aumentar la dopamina circulante en el sistema nervioso, lo que permite al niño tener un periodo de atención más largo modulando su conducta. Esto facilita el trabajo a los maestros, a los padres y al niño mismo. Existen otros medicamentos, pero el que más se emplea es éste.

Falta de atención, impulsividad e hiperactividad: los enemigos a vencer

A medida que avanzan las investigaciones en torno al TDA, también se van puliendo las definiciones. Según Sandra Rief, en *The ADD/ADHD check list*, para los principales expertos e investigadores en la materia, el trastorno se podría describir de las siguientes formas:

- El TDAH es un trastorno del desarrollo caracterizado por grados distintos de distracción, exceso de actividad e impulsividad.

- Es una inmadurez neurológica de las áreas que controlan los impulsos, ayudan a seleccionar la información sensorial y enfocan la atención.

- Es un trastorno neurológico que se caracteriza por presentar problemas para mantener la atención y el esfuerzo mental, para inhibir los impulsos y por niveles excesivos de actividad.

- El TDA es un trastorno que le impide a la persona representar o expresar adecuadamente la información que ya conoce, o para hacerlo coherentemente. A quienes lo padecen se les califica como "consistentemente inconsistentes", ya que algunos días pueden hacer bien una tarea y otros no.

- Es un trastorno fisiológico que causa dificultad para inhibir el comportamiento y los impulsos propios, el autocontrol y el comportamiento orientado a una meta.

- Es un trastorno neurobiológico que causa un alto grado de variabilidad e inconsistencia en el desempeño y los resultados.

- Es un trastorno del desarrollo resultado de la baja actividad en el centro de atención del cerebro. Sus características surgen en la infancia temprana.

- Con el TDA, el centro de atención del cerebro no está funcionando bien, lo que conduce al niño o persona que lo padece a tener problemas en el rendimiento y la productividad.

- Es un trastorno que causa un nivel excesivo de actividad, distracción, sensibilidad y exageradas reacciones emocionales.

Los padres que hemos enfrentado médicamente el padecimiento de uno de nuestros hijos, seguramente habremos escuchado alguna de las definiciones anteriores. Y sabremos que los tres factores que se conjuntan son la falta de atención, la impulsividad y la hiperactividad.

Algunas ideas sobre la atención

De acuerdo con la definición más elemental, la atención es la concentración en una situación u objeto determinado; implica la existencia de un estímulo que puede provenir del medio ambiente o del propio cuerpo del individuo. Cuando la atención se concentra, la percepción del objeto aumenta adquiriendo una mayor fuerza para quedar fijo en la memoria.

La atención tiene una serie de propiedades que permiten analizar su funcionamiento.

Amplitud: es todo lo que el individuo puede captar en algún lugar. Por ejemplo, en un mismo cuarto hay personas que pueden captar más detalles que otras.

Intensidad o agudeza: la atención puede ser superficial o profunda. Dependiendo de ello podremos captar elementos que no son tan evidentes.

Duración: es el tiempo en que se puede mantener la atención; el cansancio representa un papel destacado en este aspecto. Cuando se reitera un estímulo o la respuesta es automática, es posible que se actúe sin la intervención de la atención.

Tipos de atención

Atención sensorial: el niño que sigue los movimientos de un globo o el sujeto que busca un objeto perdido, despliegan la atención sensorial, la cual pone en juego los sentidos.

Atención intelectual: cuando el niño busca resolver un problema o comprender una lectura, despliega este tipo de atención. En las personas con problemas de aprendizaje suele presentarse un predominio del primer tipo de atención.

Atención espontánea: es el tipo de atención que surge como resultado de un hecho sorpresivo. Este suceso puede provenir del medio externo o del interno.

Atención voluntaria: este tipo de atención está dirigido por la voluntad, es decir, la iniciativa es del sujeto y no la atracción del objeto. Exige una concentración de todas las funciones mentales dirigidas al estímulo. El interés interviene con mayor énfasis en este tipo de atención.

Fuente: Fundación para la Asistencia, Docencia e Investigación Psicopedagógica. Buenos Aires, Argentina.

De acuerdo con el doctor Arturo Mendizábal, dentro del sistema nervioso central(SNC) existen varias funciones que, de forma general, se pueden agrupar como inespecíficas y específicas. Las funciones inespecíficas involucran el funcionamiento de una forma u otra de redes neuronales interconectadas a lo largo de todo el cerebro, incluido su tallo. Las funciones específicas involucran sitios anatómicos más o menos delimitados y corresponden a funciones altamente desarrolladas del cerebro. En el primer caso, la actividad neuronal es global y poco modificable por la voluntad; en el segundo, la voluntad ejerce mayor acción. Ejemplos de funciones inespecíficas son el estado de alerta y la atención. Funciones altamente específicas corresponden al lenguaje, actividad motriz y la concentración.

"En términos simples, si el cerebro fuese un árbol de Navidad, la función inespecífica prendería focos en todas las ramas y de todos los colores, y la segunda únicamente en una región determinada y focos de un solo color. Ante la presencia de un estímulo (imagen, sonido, etc.), el primer requisito para su captación y procesamiento es estar despierto (la función más inespecífica del SNC), el estímulo debe entrar al sistema a través de la atención, una vez que pasa ese proceso, el cerebro lo clasifica e interpreta por medio de la percepción, la memoria, el afecto y otras funciones cerebrales complejas. Por ejemplo, si veo una mancha oscura, tamaño regular que tiene movimiento, emite sonidos y que se va acercando, primero debo estar despierto para tener la experiencia, posteriormente, la atención deberá permitirme la entrada del conjunto de todos los estímulos citados; inmediatamente la percepción, memoria, afecto y demás funciones, me harán saber que se trata de mi querido perro Waldo, que me da la bienvenida al llegar a casa", afirma el especialista.

Por lo anterior, resulta evidente que en el trastorno por déficit de atención (TDA) los estímulos no entran al sistema, por lo que las demás funciones no pueden procesarlos, la inatención se presenta por segmentos breves de tiempo. Retomando el ejemplo anterior, tal vez no me doy cuenta que el perro está ladrando con un tono de molestia, simplemente porque mi cerebro no lo ha registrado. De aquí es fácil trazar la secuencia familiar en los niños con TDA: no captan lo que se les dice —el adulto se enfada— y el niño no entiende la razón del enfado; o en una situación peligrosa, no registra las situaciones de riesgo y no mide las consecuencias; o en una situación social no se da cuenta de que no es correcto interrumpir o reírse, lo que resulta en un rechazo que él no entiende.

Por otra parte, como se mencionó, la concentración es una función altamente específica que tiene más intervención de la voluntad. La capacidad que nos permite no distraernos de una actividad específica, es una definición simple de la concentración. Por ejemplo, leer un libro, terminar una tarea, sostener una conversación y hasta seguir la trama de una serie de televisión. Los menores con TDA salvaguardan y compensan su problema básicamente a través de esta función. Para que la concentración funcione se requiere que el chico esté motivado, aunque no sea por periodos muy largos de tiempo (máximo 30-50 minutos). La mayoría de los tratamientos disponibles para este trastorno ejerce su efecto a este nivel. Un ejemplo es cuando los padres notan que el niño no tiene problemas con lo que le gusta o le conviene y por eso llegan a poner en duda el diagnóstico.

La impulsividad

Por lo que toca a la impulsividad, es la incapacidad para tener presentes las consecuencias de nuestros actos y aplazar las gratificaciones. Los niños impulsivos son incapaces de planificar sus tareas y es frecuente que las presenten de forma sucia y descuidada. Pueden proceder a cambios frecuentes de una actividad no finalizada a otra. Suelen sufrir más accidentes que el resto de los niños, son incapaces de esperar su turno, interrumpen constantemente y no pueden seguir las normas de un juego.

El doctor Mendizábal afirma que el papel de la corteza cerebral es inhibir los impulsos. En su acepción más simple, son las respuestas internas del cerebro a los estímulos. Por ejemplo, al ver una manzana, pensamos, sentimos, planeamos, emitimos juicios y desarrollamos un patrón organizado de secuencias motrices que nos acercarán o alejarán de la manzana. Como explicamos en el diagnóstico de la hiperactividad, la falta de desarrollo de la corteza cerebral impide frenar los movimientos, de igual forma sucede con los impulsos. Por lo tanto, el niño ve la manzana e inmediatamente la toma, sin tomar en cuenta que no es de él y que está en el escritorio de su maestra; o emite una opinión acerca de la apariencia de la manzana sin tomar en cuenta quién lo está escuchando. En general, las personas coinciden en reconocer que la impulsividad implica la falta de reflexión acerca de lo que se está ejecutando. Por la lentitud en el desarrollo cortical, los menores tienen conductas no esperadas para su grupo de edad, que producen nuevamente rechazo social.

"Imagínese vivir en un caleidoscopio de rápido movimiento en el cual sonidos, imágenes y pensamientos están en un constante ir y venir. Aburrirse fácilmente, sin poder concentrarse en las tareas que necesita cumplir. Distraído por imágenes y sonidos sin importancia de manera que su mente lo lleva de un pensamiento o actividad al siguiente. Quizás esté tan envuelto en un collage de pensamientos e imágenes que no se da cuenta cuando alguien le habla. Esto es lo que significa tener déficit de atención."

National Institute of Mental Health

Una forma simple de ayudar a controlar la impulsividad es anticiparse al acto, pero desgraciadamente no siempre es posible, por lo que si el acto ya se consumó, debe explicársele el error en forma breve y cuestionar al menor para lograr inducir el desarrollo de su corteza por medio de la reflexión de sus actos.

¡Estate quieto!

Un niño hiperactivo presenta movimiento constante e incansable. Este exceso motor sin propósito alguno, no puede ser controlado. El chico no puede permanecer sentado, es impaciente e impulsivo y no le preocupan las consecuencias de su conducta en el largo plazo ya que no tiene visión a futuro. Los niños con TDAH no pueden tolerar retrasos. No se dan cuenta de las causas ni de los efectos y culpan a otros de algo que ellos sí hicieron. Se enfocan en la gratificación inmediata y en recompensas momentáneas. No pueden esperar. Presentan mucha energía corporal, movimiento constante de manos y piernas, ruidos con la boca. Asimismo, se pueden observar conductas antisociales como la destructividad, la agresividad, la desinhibición, el robo, el temperamento explosivo. Tienen una gran dificultad para comprender las reglas y las prohibiciones. Generalmente son chicos que se mantienen alejados de sus compañeros debido a que cualquier interacción social provoca una reacción conflictiva y difícil, por lo que hay una tendencia al aislamiento.

La definición más simple de la hiperactividad, de acuerdo con Mendizábal, es el aumento de la actividad motriz. Los síntomas que todo padre conoce cuando el menor se levanta de la mesa a la hora de la comida, o del escritorio al hacer la tarea, o que mueve constantemente manos y pies, son provocados por la hiperactividad. Se debe mencionar la dificultad que el menor experimenta para controlar el aumento de su motricidad. La explicación de esta alteración la encontramos en el desarrollo de la corteza cerebral que, en estos casos, es mucho mas lento, por lo que las conductas "inmaduras" generan mucha dificultad en los diferentes entornos del niño. Es frecuente escuchar a los padres decir que en casa el niño no tiene dificultades y tratar así la inexistencia del TDAH.

La mejor forma de ayudar a que la corteza cerebral del área motora "madure" mas rápidamente, es fomentar en el niño actividades físicas limitadas, en tiempo y espacio, que desafortunadamente es lo opuesto a lo que los padres y maestros suelen hacer: "Como el niño es inquieto, ya asiste a clases de natación, fútbol, karate, gimnasia... para que se canse y se le quite lo activo", asevera el paidopsiquiatra.

Difícil panorama no sólo para los padres de familia, sino para el chico que padece TDA.

"Tener un hijo con necesidades especiales es una tarea dura y a veces agotadora; contar con apoyo y solidaridad de otros en las mismas circunstancias sería bueno", expresa Marisela Gutiérrez, mamá de Patricia, de 14 años de edad y a quien se le diagnosticó déficit de atención cuando tenía 10 años.

Encontrar a otros que están en una situación similar es un alivio porque entonces hablamos con alguien que entiende nuestra frustración, nuestro enojo, nuestra inconformidad. Durante algún tiempo yo buscaba desesperadamente en otros niños un reflejo de José, pero me topaba con pared al verlos —eran niños sin problema alguno— y al escuchar a sus padres hablar de ellos. ¿Cómo alguien iba a entender que yo aceptara o permitiera que mi hijo tuviera los arranques de violencia que tenía? ¿Quién podía dejar de criticar a una mamá a la que su hijo escupió e insultó? ¿Quién no pondría cara de sorpresa al ver a un niño lanzar sus objetos personales desde el auto en marcha?

Las ocasiones en las que he podido hablar y escuchar a una mamá que tiene un hijo con déficit de atención, me he dado cuenta que la catarsis de ambas es muy intensa.

"Es un alivio encontrar a alguien que no me critica ni me juzga por tener a un hijo con serios problemas de conducta que nada tiene que ver con la forma en que ha sido criado", expresó tras un suspiro Elena Huerta, mamá de Francisco, un preadolescente de 12 años diagnosticado con TDA.

CURSO DEL TDAH

"Mi hijo tiene TDAH, ¿qué le va a pasar?"

Lo más importante en el TDAH es un diagnóstico correcto y oportuno, pues esto indudablemente le dará al menor un mejor futuro. El TDAH puede ser diagnosticado desde etapas tan tempranas de la vida como los 12-36 meses de edad, siendo excelentes las posibilidades de mejoría. Desgraciadamente, la mayoría de los casos es diagnosticada en la etapa escolar y, por un mal manejo de maestros y otros profesionales inexpertos, los niños pasan esta etapa sin recibir tratamientos farmacológicos y ambientales adecuados. En la adolescencia, los problemas son mucho más graves y los efectos de los fármacos menos potentes, por lo que ya no hablamos de resultados tan halagadores. En la edad adulta, las opciones se reducen aún más. No obstante, siempre será mejor el futuro con tratamiento que sin él.

De 10 niños con TDAH (niños A) sin diagnóstico ni tratamiento apropiados, cuatro lo tendrán durante toda su vida (40%), cuatro más se complicarán con algún otro trastorno agregado (40%), y dos disminuirán su sintomatología hasta hacerla imperceptible por los demás (20%). En contraste, de 10 correctamente diagnosticados y tratados adecuadamente (niños B), todos experimentarán una mejoría sintomática del 30 al 95%.

Complicaciones del TDAH: "¿Por qué si mi hijo y el del vecino tienen TDAH, el mío es tan difícil y he batallado tanto?"

El TDAH involucra la capacidad de entender y responder al mundo que lo rodea, por lo tanto, los menores afectados tienen una forma diferente de procesar la realidad, lo que facilita una mayor propensión a otros padecimientos relacionados con la conducta, las emociones y las capacidades de aprendizaje.

Como se expuso anteriormente, cuatro de cada 10 niños con TDAH van a sufrir de otro problema agregado. En orden de frecuencia, los padecimientos son:

Trastorno disocial	40-70%
Trastorno desafiante	30-50%
Abuso de sustancias	30-50%
Trastorno afectivo	30-40%
Trastorno de ansiedad	20-30%
Trastorno de personalidad	25-30%
Trastorno de aprendizaje	20-25%

En el más frecuente (T. disocial), por lo general los menores atropellan los derechos de todos los que están a su alrededor, al robarlos, dañarlos o destruir la propiedad ajena, sin asomo de culpa. En palabras de los padres: "No entiendo a mi hijo, parece que disfruta siendo malo".

El T. desafiante consiste, por lo general, en retar a la autoridad y negar lo que hacen; se presenta entre los seis y nueve años.

El abuso de sustancias, complica gravemente el TDAH en la adolescencia y es común que los adolescentes se involucren en actividades extremadamente peligrosas.

El T. afectivo más frecuente es la depresión, cuyas complicaciones pueden llevar al menor a cometer suicidio. La edad en la que se presenta con mayor frecuencia es desde los ocho hasta los 18 años.

En la mayoría de estos casos, el T. de personalidad es resultado de un TDAH no tratado, siendo el más frecuente el tipo antisocial.

Dr. Arturo Mendizábal

Preguntas

El déficit de atención no es fácil de diagnosticar, no hay una sola prueba que nos confirme su existencia.

1. ¿Estamos seguros de que nuestro hijo tiene TDA?
2. ¿Le han realizado estudios médicos, neurológicos o alguna prueba psicológica?
3. ¿Estamos convencidos de que sólo con tratamiento médico, ayuda psicológica y, probablemente, alguna terapia familiar podremos ayudar a que nuestro hijo salga adelante?
4. ¿Aceptamos los prejuicios de los demás, incluyendo los de otros miembros de nuestra familia?
5. ¿Hemos buscado apoyo de otros padres de familia?
6. ¿Nos hemos acercado a la escuela para hacer un verdadero equipo de apoyo para el niño?

Mis conclusiones

_____

_____

_____

_____

_____

_____

_____

3

La familia del niño con déficit de atención

"No puedo, me siento tan culpable de lo que le pasa a mi hijo que no soy capaz de permitir que enfrente las consecuencias de las cosas que hace", afirma Mariana Yuste, mamá de Enrique, de nueve años de edad y diagnosticado con TDA, y de Lluvia, de seis años.

"Me siento cansada de repetirle tantas veces que no haga esto o aquello, mejor me di por vencida y ya no le pongo límites a Emilio", dice Coral Bravo, mamá de un niño de 10 años que padece TDA, y de Fernanda, de 12 años de edad.

Con tal de no discutir con José, yo también he claudicado infinidad de veces. Simplemente es un niño agotador. No sé si todos los que padecen TDA son tercos, pero mi hijo sí que lo es. Es obsesivo: pregunta las mismas cosas más de 10 veces en menos de cinco minutos. Una psicóloga me recomendó decirle: "José, de una vez te digo que sí o que no —dependiendo de lo que el chico me pida— por todas las veces que vas a preguntarme lo mismo". Lo puse en práctica y funciona, pero no siempre. El niño tiene una gran necesidad de escuchar mi respuesta la mayor cantidad de veces. A veces pienso que ésta es el único puerto seguro para el chico.

Reproduzco un diálogo cotidiano:

—Ma, mañana me dejas usar Internet a las 4:15.

—Claro que sí José, mañana puedes usar Internet a las 4:15.

—Sí, ¿verdad?, mañana voy a usar Internet a las 4:15.

—Sí, ya te dije que sí.

—Oye, primero voy a hacer mi tarea y después, como a las 4:15, me dejas usar Internet.

—Sí.

—Sí, mañana después de usar Internet a las 4:15 me meto a bañar. ¿Voy a poder usar Internet mañana a las 4:15?

—José, si me vuelves a preguntar lo mismo entonces no te voy a dejar usar Internet.

—Bueno, está bien, pero sí me vas a dejar usarlo, ¿verdad?

Así es todos los días; aquí reproduje un diálogo relacionado con Internet, pero estos diálogos se repiten con todas las cosas que lo obsesionan: la computadora, los cursos de verano, lo que hará el siguiente fin de semana.

Una pobre y muy disminuida autoestima es característica de los niños con TDA y por eso la mayor parte de nuestro trabajo como papás es ayudarlos a rescatarla. "La falta de autoestima es resultado de muchas de las situaciones que estos chicos experimentan, como es no poder concluir sus trabajos escolares al mismo tiempo que el resto de sus compañeros, su incapacidad para seguir instrucciones y la constante lucha de quienes los rodean por entenderlos y aceptarlos", afirma Colleen Alexander-Roberts, autor del libro *The ADHA Parenting Handbook*.

Ser "la carne de cañón" de unos padres frustrados y desorientados por la conducta del niño con déficit es vivido por el pequeño de manera dolorosa. Estos niños escuchan la voz de los padres al referirse a ellos, sienten el rechazo —aunque como papás no lo hagamos evidente— y generalmente se ven como tontos, malos y problemáticos frente al resto de sus compañeros. Esta falta de aceptación del medio ambiente familiar, escolar y social en general los lleva a actuar fuera de las reglas.

Muchas veces me da la impresión de que José actúa con un cinismo bárbaro. Sobre todo en los momentos en que parece no importarle las consecuencias de sus actos. Sin embargo, cuando vienen a mi cabeza estas imágenes cuando al niño no le importa nada de lo que hace, inmediatamente las desecho y cambio mi actitud de enojo hacia él y me pongo el traje de mamá firme. Así me es más fácil hacer que el chico reconozca sus errores y los enmiende. Y lo mejor de todo es que no lastimo su autoestima, que ya de por sí se encuentra enferma.

Lo más difícil como padres de un niño con TDA es aceptarlo y aceptar de igual manera que nuestro hijo no

es como el promedio de los chicos de su edad. Cuando logramos esto una buena parte de las nubes del camino se tornan menos negras. Por supuesto, es lo más duro. Pero de lo que nosotras, como mamás, transmitamos al niño sobre sí mismo, dependerá en mucho su evolución. Nuestra relación con los hijos, querámoslo o no, los marca para siempre. De la misma forma en la que la relación con nuestra madre nos marcó a nosotros mismos.

Alice Miller, en su libro *El drama del niño dotado*, afirma que al leer biografías de artistas famosos vemos, por ejemplo, que sus vidas comienzan en algún punto más o menos cercano a la pubertad. Antes, el artista pudo haber tenido una infancia "feliz", "dichosa" o "sin preocupaciones", o bien una niñez "llena de privaciones" o de "estímulos", pero cómo pudo ser la infancia de ese individuo es algo que parece carecer de todo interés. ¡Como si en la infancia no estuvieran ocultas las raíces de toda la vida!

La aceptación de la madre es de capital importancia en el tratamiento de los niños con déficit porque de ésta depende la imagen que el niño tenga de sí mismo.

> *"Los adultos no necesitamos un amor incondicional. Ésa es una necesidad infantil que más tarde ya no puede ser satisfecha."*
>
> Miller

Conozco a un hombre de 65 años que tiene una enfermedad llamada talidomina. Físicamente es un hombre enjuto que tiene los brazos más cortos que el resto del cuerpo y una joroba que disminuye aún más su tamaño. Este hombre ha llegado muy lejos en su fama pública y posee una autoestima muy superior a la de cualquier hombre normal. Un día una periodista le preguntó que si sus defectos físicos no le habían afectado de manera negativa alguna vez en la vida. Él respondió que no, que de ninguna manera, él estaba convencido de ser un hombre muy valioso y lleno de virtudes gracias a que cuando era pequeño todas las noches su mamá entraba a su cuarto, lo acariciaba, le decía que era el niño más maravilloso del mundo y después le leía un cuento.

Los hijos son una extensión de nosotros, sus padres, y si nos aceptamos, entonces los aceptamos a ellos, si nos sentimos seguros ellos estarán seguros también. Mi experiencia materna con José empieza a mejorar hasta ahora, y después de recibir ayuda profesional durante muchos años. Al principio yo, como todas las mamás, me angustiaba y lloraba preguntándome qué había hecho mal para que mi hijo fuera "tan raro". Me sentía culpable pero también víctima de la vida por no haberme regalado un hijo que llenara los requisitos de la excelencia. Yo quería un hijo no sólo normal, sino perfecto.

Después de algunos meses de que José asistiera a terapia psiquiátrica, el médico nos mandó llamar a Guillermo y a mí y abiertamente nos pidió quitarle al chico de la espalda el peso que traía de nuestras expectativas.

"Yo no sé cuáles serán sus problemas personales y matrimoniales, eso lo tendrán que trabajar ustedes, pero José es mi paciente y el niño además del déficit de atención tiene un problema que se llama: 'mis papás hubieran querido que yo fuera...'."

Esa llamada de atención me puso a reflexionar sobre lo que yo le estaba dando al niño y lo que le estaba pidiendo que me diera. Desde entonces me puse a trabajar en mi relación con José y lo primero que hice fue evitar someterlo a situaciones en las que el niño se estresaba y se sentía infeliz, como por ejemplo, asistir a la práctica de básquetbol. Las tardes de los lunes y los jueves, de repente, el pequeño se sentía mal del estómago. Casualmente eran los días de entrenamiento.

Sus problemas de motricidad lo convertían en el blanco de las críticas de los demás y de las constantes reclamaciones del entrenador: "José, pon atención", "fíjate", "ya te volviste a equivocar", "bota bien la pelota", "corre", "no bebas agua", "no hables", "espera tu turno", etcétera. Qué necedad la mía al insistir en tener un hijo deportista.

Aprendí que aceptar la condición "diferente" del niño me permitía ser más consistente y congruente ya que mis expectativas eran realistas. "Tengo que educar al José real, no al José que yo hubiera querido tener", me digo cotidianamente.

También ya dejé de pensar cosas que me taladraban la cabeza: "Soy una mala mamá y por eso el niño es así", "todo lo que hace mal este niño es por fastidiarme". No hay nada más falso que cualquiera de estas dos aseveraciones. Ni tengo yo la culpa de su déficit ni el niño me quiere molestar portándose mal.

El doctor José Bauermeister, en su libro *Estrategias de apoyo para los niños con trastorno de déficit de atención en el hogar y en el ámbito escolar*, reconoce que, cuando el niño con déficit de atención nos crea situaciones difíciles y nos sentimos desesperados, perdemos también la perspectiva de que se trata de un niño con una limitación y falta de habilidad para autorregular su comportamiento en la forma deseada. Es necesario, recomienda Bauermeister, esperar respuestas variables en los logros del niño y lapsos ocasionales donde su comportamiento no parece responder a ninguna de las estrategias empleadas. "Esto es un reflejo precisamente de la falta de habilidad del chico para autoregularse, no importa cuán excelente y sacrificado sea su manejo", explica.

María Castillo, mamá de Andrea, de 14 años de edad y con TDA, de Mauricio, de 12 años, y de Daniel, de ocho años, relata que, tratar con situaciones en las que Andrea la mete en apuros, es lo más difícil. "Ya entendimos que la niña tiene un problema y lo estamos atendiendo. Sin embargo, la falta de atención de mi hija la ha convertido en la burla de sus compañeros y ella tiene muy lastimado su amor propio. Piensa que es tonta, se desespera consigo misma y entonces empieza a perder el control de la situación. Generalmente acaba llorando, regañada y muy emberrinchada."

Estoy convencida de que la culpa que sentimos por tener un hijo con TDA nos impide actuar efectivamente cuando estamos frente a un berrinche o a una escena como las que se han descrito. Lo mejor para el niño es saber que la autoridad somos nosotros, sus padres, y que las reglas son las reglas. No es cosa fácil. Los especialistas nos habrán dado una gran cantidad de recomendaciones, los libros nos habrán ofrecido otras tantas alternativas, pero al momento de estar frente a un niño que escupe, avienta cosas por la ventana, golpea las espinillas de la mamá o se golpea la cabeza contra la pared, la vista se nos oscurece y lo que menos se nos ocurre es actuar con calma.

¡Si no lo sabré!

"Los niños con TDA deben tener límites firmes y constantes, no rígidos. La rigidez no sirve, pero sí sirve la firmeza. Los límites tienen que ser claros, sin retórica. Por ejemplo: "No subas los pies", "siéntate bien", "bájate de la mesa", "no pongas eso ahí". Deben ser precisos, concisos y muy claros. Si hay papá y mamá en casa, ambos deben saber las reglas y las consecuencias cuando son violadas. Así, si el niño actúa de manera poco apropiada, los dos reaccionarán de la misma forma", asevera Arturo Mendizábal.

"He aprendido a ser clara y precisa con mi hijo Juan Carlos, de 11 años y con TDA. Cuando le voy a dar una indicación me aseguro siempre de que me está prestando atención. Le explico paso a paso y me lo tiene que repetir. Se cansa de tanto escucharme, pero es la única manera en que puede seguir instrucciones y terminar las cosas", expone María Elena Arias.

"Las psicólogas y los libros que consulto recomiendan escribir y pegar sobre las paredes las indicaciones que debe seguir mi hijo Pablo, de nueve años de edad y con TDA. Sugieren tener cartulinas con las obligaciones del niño, con sus tareas. Lo único que me funciona es andar pendiente detrás de mi hijo para que termine las cosas. Sin embargo, ya no le grito ni me desespero como antes. Pablo heredó el trastorno de mí y recuerdo que el sistema que seguían mis padres era el del zapatazo y el grito. Nada de tener paciencia para no dañar la autoestima. Mis padres me la pulverizaron con sus amenazas, gritos y regaños", relata Patricia Rojas.

Bauermeister recomienda utilizar una comunicación afirmativa con los niños que padecen el trastorno. Es decir, clara, razonable, directa y respetuosa. No hay que

temer en usar nuestra autoridad, pero tampoco debemos humillar, agredir o faltarle el respeto a estos niños.

Cuando algún adulto olvida una cita, fuma demasiado por ansiedad o se deja llevar por algún impulso, ¿cómo reaccionamos? Generalmente de manera muy respetuosa: planeamos un nuevo encuentro si la cita era con nosotros; hablamos sobre los riesgos del cáncer o le sugerimos muy sutilmente que debe controlar sus reacciones. Entonces, ¿por qué a los niños que padecen TDA los maltratamos tanto? Yo pienso que debido a que sus comportamientos cuestionan nuestro papel como padres o como maestros —en el caso de la escuela—, porque no los sabemos manejar y tampoco podemos recibir con los brazos abiertos lo poco o mucho que estos niños puedan darnos.

"Con frecuencia los padres de niños con TDA vemos sólo la parte negativa de la realidad. Si constantemente nos escuchamos diciendo 'no' o 'no hagas eso', pongamos un alto a esa actitud que nos impide ver las cualidades de nuestros hijos. Estos niños generalmente son sensibles, creativos, simpáticos, solidarios y muy generosos", afirma Susana Álvarez, mamá de dos niños de nueve y siete años de edad, ambos con déficit de atención.

> *"Quiero que te entusiasmes con quien eres, con lo que eres, con lo que tienes y con lo que puedes llegar a ser. Quiero alentarte a que veas que puedes llegar mucho más allá de donde estás ahora."*
>
> *Satir*

Es importante definir las reglas, las consecuencias y los premios, ya que pareciera como si estos chicos quisieran siempre estar metidos en líos. "A pesar de los esfuerzos de mamá y papá en explicarle las reglas, el niño no las obedece y parece sorprenderse cuando lo castigan. Para evitar ese problema, hay que asegurarse de hablar con él sobre éstas. Luego escríbalas y asegúrese de que el niño las entendió. Hay que definir frente al chico lo que estamos entendiendo por cada regla. Por ejemplo, al pequeño no le dice nada 'tienes que ser ordenado'. Conviene más decirle 'limpia tu habitación', 'recoge tus juguetes', 'coloca la ropa sucia en el cesto', etcétera", expone Beatriz Magañón, psicóloga infantil.

Para mí ha sido casi imposible seguir las recomendaciones de los libros, José me desespera y, además, tengo muchas otras cosas más que hacer, independientes de cuidar su autoestima. Tengo una hija que se ha visto afectada por los problemas del hermano, una casa, un marido y un trabajo. Sin embargo, me doy cuenta de que me complico más de lo debido. Ciertamente, a José hay que vigilarlo muy de cerca, sobre todo para evitar que haga cosas que le pueden hacer daño, pero tampoco es necesario estar como sargento parada afuera de su habitación esperando para reclamarle. Lo mejor sería retirar de su camino todo lo que lo pueda lastimar: guardar tijeras, medicinas, productos químicos, utensilios que lo puedan cortar y siempre estar muy pendiente de que las ventanas estén perfectamente cerradas. Crear un ambiente estructurado y muy bien organizado para el niño. Ni modo, así tiene que ser: somos mamás de niños que no son como la mayoría.

También es importante anticiparse siempre a la conducta inadecuada del niño y así la evitaremos. A José por ejemplo, lo frustra mucho cuando Natalia no quiere jugar con él y es cuando pelea con ella. Lo que me ha funcionado muy bien es evitar que llegue el conflicto. Cuando no logran ponerse de acuerdo respecto a lo que van a jugar, inmediatamente intervengo y los separo. Cada uno se va a una habitación diferente. Muchas veces eso los hace ponerse de acuerdo antes de tener que abandonar la recámara en donde planean jugar. En otras ocasiones, cada cual hace lo que quiere hacer y después de media hora ya están jugando tranquilamente. Esta anticipación impide la llegada del impulso de José y el llanto quejoso de Natalia: "Mamá ya no aguanto a este niño, me pegó".

"Me resistía a poner bajo llave los muebles donde guardo jabones, champú, medicinas y demás porque Javier, de 10 años de edad y diagnosticado con TDA, de repente decidía hurgar por ahí. La última travesura que hizo fue ponerse agua oxigenada en las uñas. Cuando me di cuenta lo regañé y le advertí que eso era peligroso, que un día se iba a tomar una botella de destapacaños, y él inocentemente me dijo: 'Es que no encontré nada para el dolor y pensé que esto sería bueno'", comenta Clara Campos, mamá de Javier y de Carla, de siete años de edad.

Mi familia, y la mayoría de las familias con las que he hablado, se han visto muy afectadas por el trastorno infantil. Incluso, un buen porcentaje se han desintegrado. La culpa, los reclamos, la falta de comunicación y de acuerdos y la energía que se requiere para convivir con un niño que padece déficit de atención son elementos que alejan mucho a las parejas. El niño que tiene TDA es la válvula de escape de muchos otros desacuerdos.

> *"Casi nada en la vida de un niño con déficit de atención es estable. La unión de sus padres lo debe ser. El matrimonio le sirve mucho al niño y nunca debe ser sacrificado."*
>
> *Warren*

"Mi marido me culpa por el déficit de atención de Luis, de ocho años de edad. Me dice que a ese niño le falta que yo pase más tiempo con él. Estoy todas las tardes con mis hijos, solamente trabajo por las mañanas, pero yo los llevo y los recojo en la escuela, llevo a Luis a su terapia y me siento a hacer la tarea con él. Francamente no sé qué más atención podría darle", afirma Alejandra Castelazo, mamá de Luis, de Dania, de 10 años, y de Elena, de 12 años de edad.

"Roberto, mi esposo, y yo no nos hemos separado porque mi hija Sofía, quien padece TDA, sufriría mucho más de lo que ya sufre por nuestros problemas. Nunca nos ponemos de acuerdo. Si yo digo que sí, él dice que no; si yo digo blanco, él dice negro, si yo le llamo la atención a la niña, él inmediatamente llega a apoyarla como si yo fuera su enemiga. Simplemente la situación es insostenible, pero Sofía adora a su papá y yo tengo que pensar en eso", comenta Sofía Buenrostro, mamá de Sofía, de nueve años de edad, y de Valentina, de cinco años.

"Mi hijo Alfredo se da cuenta de que todos los conflictos entre su papá y yo se deben a que no nos ponemos de acuerdo sobre la forma de tratarlo. Cada vez que empezamos a discutir corre a refugiarse en el baño de su habitación", relata Marielena Carmona, mamá de Alfredo, de nueve años, y de Rodrigo, de siete años de edad.

Aprendamos a manejar su comportamiento

De acuerdo con paidopsiquiatras, psicólogos y maestros es posible modificar la conducta del infante si logramos manejarlo adecuadamente. Para ello es importante establecer las conductas esperadas, darle la oportunidad de tomar una decisión respecto a su conducta y hacer al niño responsable de las consecuencias que tendrá romper las reglas.

Es importante tener siempre presente que nuestra meta es ayudar al niño a llevar una vida social, académica y familiar que le permita desarrollarse plenamente. "No hay que olvidar que no queremos que nuestro hijo con TDA sea como los demás ni como los padres y maestros creen que el niño debería ser", nos recuerda Paul Warren en su libro *You & your ADD child*.

Un aspecto que hay que tomar en consideración, si aspiramos a manejar adecuadamente la conducta del niño, es ofrecerle un ambiente familiar —y de ser posible escolar— que esté bien estructurado. Es decir, en donde las reglas y los límites estén establecidos claramente y el niño sepa hasta dónde puede permitírsele llegar. Desenvolverse en un ambiente estructurado facilita al niño comprender cuáles comportamientos son adecuados y anticipar las consecuencias que podría tener el no portarse de manera acorde con la situación.

"Un día estábamos en el consultorio del dentista y la enfermera ya le había dicho a mi hija María Luisa, de 12 años de edad y diagnosticada con TDA, que tenía que dejar de tocar todo lo que estaba sobre la mesa de trabajo del doctor. Aparentemente la niña lo entendió y se estuvo quieta. Las dos veces siguientes insistió en tocar lo que no debía, pero a la tercera, el doctor habló seriamente con ella y le dijo que él ya no iba a poder atenderla si no respetaba lo que no debía tocar. La niña insistió con su conducta desafiante hasta que un día el dentista ya no aceptó revisarla. Obviamente, yo ya había hablado con él y llegamos al acuerdo de que él le diría eso a la niña si ella insistía en tocar su instrumental y cuando hubiera terminado el tratamiento. La niña no sabe que ya finalizó la primera etapa del mismo, pero le hicimos creer que el doctor ya no la verá más. La siguiente fase de sus dientes le toca al ortodoncista, pero ella cree que es un nuevo dentista porque el anterior ya no la quiere atender por haber desafiado la regla. Es una pena engañar así a mi hija, pero sólo de este modo entendió", expone Rocío Torres, mamá de María Luisa y de Fabiola, de 10 años de edad.

Ni duda cabe que en esto del TDA lo que le funciona a una mamá puede no funcionarle a otra. Warren sugiere que para contribuir a lograr el objetivo de facilitar al niño una vida emocional, social y académica acorde, sería bueno, en primer lugar, modificar el medio ambiente del pequeño. Algunas veces unos pequeños cambios pueden ayudar mucho y éstos pueden ir desde la forma en cómo el niño se sienta a hacer la tarea hasta cómo tiene arreglados sus cajones. Así, por ejemplo, los niños con TDA no necesariamente tienen que sentarse derechitos en una mesa a hacer la tarea. Esto sería lo óptimo, pero en su caso es difícil. Tal vez nuestro hijo se siente mejor tumbado en el suelo con libros y lápices regados, pero a su alcance. A otro niño puede funcionarle hacer la tarea con un poco de música suave. No podemos esperar que actúen o hagan las mismas cosas que hacen los otros niños.

En mi caso, Natalia, mi hija, necesita estudiar en silencio. José, en cambio, deambula por toda la casa leyendo en voz alta sus resúmenes.

Por lo que toca a las conductas que deseamos modifique nuestro hijo, debemos estar muy conscientes de que si a un niño sin TDA es difícil hacerle entender ciertas cosas, en el niño que lo padece el trabajo será muy superior. Por eso es importante concentrarnos verdaderamente en lo que queremos que cambie y no atiborrarlo de instrucciones. También hay que estar muy atentos en que el niño capte a la perfección el mensaje que queremos transmitirle.

"Yo me pongo a la altura de los ojos de mi hija Daniela, de nueve años y con TDA, y hago que me repita la instrucción con mis palabras y después con las

> *"A un niño con TDA hay que darle pocas instrucciones pero que sean claras y concretas."*
>
> Mendizábal

suyas. Además, me he dado cuenta de lo necesario que es darle seguimiento a nuestras instrucciones. Así, si le pido que guarde las muñecas en el cajón asignado para ello, no la dejo en paz hasta que las monas están guardadas. Con estas medidas trato de ayudarle a que se concentre en lo que le estoy diciendo", explica Luz Elena Pasquel, mamá de Daniela y de Elena, de cinco años de edad.

De acuerdo con la psicóloga Gabriela Galindo y Villa Molina en su ensayo *Trastorno por déficit de atención y conducta disruptiva*, cuando se trabaja con estos niños en una situación de relación de uno a uno, en donde el adulto enfoca toda la atención en su conducta y, a través de instrucciones verbales, va centrando su actividad para que la conducta del chico obtenga continuidad, éste puede responder en forma favorable y desempeñarse apropiadamente.

"Los niños con déficit de atención carecen de la facultad psicológica de planear, organizar, autorregular su comportamiento, inhibir respuestas inadecuadas, analizar con propiedad todos los elementos presentes en el contexto para elaborar un juicio y decidir lo que se debe o no se debe hacer. El niño con TDA tiene el potencial para elaborar el razonamiento y el juicio necesarios para solucionar problemas propios de la etapa de desarrollo en que se encuentra; por lo general, su capacidad intelectual se encuentra dentro de los límites de la normalidad, pero es precisamente su deficiencia de atención lo que da lugar a que su funcionamiento en la vida cotidiana sea inferior a lo esperado", expone Galindo.

¿A quién no le gusta el reconocimiento?

No conozco a persona alguna a la que no le guste ser reconocida cuando hace bien las cosas. En el caso de los niños con déficit de atención, la necesidad de ser alabados por cualquier cosa que hayan hecho bien se multiplica. Y es que su autoestima está tan herida que ni ellos mismos están convencidos cuando actúan adecuadamente.

Cambié mi táctica con José y sí funciona. El niño estudia piano y le gusta mucho, pero como él sabe que tiene problemas de coordinación entonces se desespera muy rápido y prefiere no practicar. Antes lo regañaba y le decía: "José, deja de estar jugando con el piano y toca bien", no me daba cuenta que realmente el niño se esforzaba, simplemente no podía hacerlo mejor. Un día tuve la oportunidad de ver su clase sin que él ni su profesor me vieran y me percaté de la manera tan optimista en cómo el maestro lo estimulaba: "Ándale José, tú puedes, claro que puedes, tienes manos perfectas para tocar el piano. Repítelo una y otra vez hasta que te salga", y pacientemente lo corregía. Los miércoles, que es el día de la clase de piano, José se quedaba tan entusiasmado que practicaba mucho tiempo más después de su clase. Desde entonces decidí aplaudirle, pedirle que me mostrara sus avances y le hablé a Guillermo de lo bien que va José en la clase de piano. Natalia —quien es un verdadero ángel en la vida de mi hijo— también le da muchos ánimos. Pero para el niño, lo más importante es mi reconocimiento. Desde que se lo doy, practica un rato todas las tardes y hay una mejoría notable en su relación con ese bello instrumento musical.

"Toda la falta de atención de mi hijo en la escuela y su torpeza para lo académico lo llevaron a volcarse en el estudio de las plantas. A sus 12 años sabe muchísimo. En casa lo estimulamos y cada vez que salimos de viaje le traemos alguna semilla del lugar que visitamos para que la plante en el pedazo de huerto que tiene en el jardín. Es realmente bueno para eso. De hecho, en alguna ocasión, le pidieron en la escuela que diera una plática en el taller de biología de secundaria y él estaba emocionadísimo. Recuerdo que me dijo, 'mamá, no soy tan tonto'. Todo el apoyo que le hemos dado le ha ayudado a centrar su energía en este tema y se siente muy importante y conocedor", relata Victoria Luviano, mamá de Pedro, de 12 años de edad y con TDA, Juan Francisco, de 10 años, y María Nieves, de siete años.

Bauermeister señala que el comportamiento de estos pequeños está influido por las consecuencias agradables inmediatas que tiene para la otra persona. Éstas pueden ser reconocimientos, algún privilegio u objetos tangibles que se le deben dar en el momento mismo de la conducta deseada. La espera es algo que no entienden los niños con déficit ya que su sentido del tiempo no funciona adecuadamente.

Respuestas positivas

1. Los niños con déficit de atención necesitan tener más consecuencias positivas que el resto de los niños para obtener el comportamiento deseado.

2. Tan pronto ocurra el comportamiento deseado hay que responderles y hacerles ver que esa conducta es percibida positivamente.

3. Es necesario reforzar los pequeños pasos que lo llevan al comportamiento que deseamos y no esperar hasta que llegue la conducta anhelada para reconocerle.

4. Enfatizar lo positivo y no dejarnos llevar por la tendencia a criticar o regañar más que reconocer y reforzar.

Los padres de niños y adolescentes con TDA tenemos que estar retroalimentándolos todo el tiempo y ser así una fuente permanente de confianza y autoestima. Estos niños necesitan, en primer lugar, el amor y la aceptación incondicional de sus familias, necesitan paciencia y tolerancia; también requieren sentir que no son deficientes frente a nuestros ojos y que les permitimos tomar parte de las decisiones importantes de la familia.

"Cuando vamos de vacaciones, mi hijo Alfonso, de 13 años y diagnosticado con TDA, es el guía de la familia. De esta forma lo hacemos sentir muy importante", afirma Sara Cymet, mamá de Alfonso y Deborah, de 10 años de edad.

Sandra Rief sugiere a los padres con niños que tienen déficit de atención: tratar a sus hijos con dignidad y respeto; ofrecerles apoyo y aliento, atención y retroalimentación positivas, escucharlos, dedicarles cotidianamente un tiempo especial —que pueden ser 10 o 15 minutos

Diez claves para que los padres tomen el control

1. Dígale al niño lo que quiere que haga y no lo que no quiere.

2. Sea específico acerca de los comportamientos que le gustan. En lugar de decir "que buen niño eres", es mejor decir "me gustó mucho que ayudaras a tu hermana".

3. Hay que modelar el comportamiento que deseamos, éste no va a llegar solo.

4. Recompensar con halago social y contacto físico. Se debe evitar el uso de los castigos físicos aunque el niño se ponga agresivo con nosotros o con los demás.

5. No esperar grandes cambios en la conducta del niño. Cuando ellos hacen algo incorrecto, inmediatamente se arrepienten y prometen no volver a hacerlo. Es importante no sentirse frustrado ni regañarlo por no haber cumplido su promesa.

6. Retirar la atención hacia algunos comportamientos inapropiados, pero sí prestar atención al comportamiento que estamos tratando que el chico elimine.

7. Recompensar el comportamiento adecuado.

8. Recompensar las conductas esperadas inmediatamente y, en caso contrario, cumplir la consecuencia de manera inmediata.

9. Cumplir las consecuencias y evitar las amenazas.

10. Usar castigos leves para las conductas que no nos gustan.

Fuente: Grad. L. Flick, *ADD/ADHA Behavior-change. Resource kit. Ready to use strategies & activities for helping children with Attention Deficit Disorder*. Prentice Hall. Simon & Schuster Company, USA.

para hablar y escuchar—. "Mucha reafirmación y re-fuerzo de la autoestima. Que los padres se enfoquen en los problemas importantes y den poca importancia a los menos críticos. Ofrecer recordatorios, apoyo e impulso sin regaños, sin crítica y sin sarcasmo."

De verdad que los padres que tenemos niños con TDA debemos hacer uso de todos los recursos que la imaginación nos pueda dar para tratarlos de manera correcta y no hacerles daño. He leído muchísimo material sobre el déficit, voy a una terapia, tengo una estrecha relación con el paidopsiquiatra de mi hijo y con sus maestras, pero las conductas de José muchas veces me desconciertan. Estos chicos son imprevisibles. Hace poco íbamos en el coche y se le ocurrió pedirme dinero, yo no traía mi bolsa conmigo y le dije que no tenía y que después se lo daría. El niño insistió durante todo el trayecto y venía reprochándome por no tener ni una moneda de cinco pesos. Llegamos a nuestro destino y José se bajó furioso del automóvil y empezó a golpear los vidrios del mismo, como no le hice caso se enojó más y más hasta que me bajé del auto, lo jalé del brazo y lo retiré del lugar. Esperé a que abrieran la puerta del consultorio médico, entrara y me fui. Cuando regresé por él hablamos como si nada hubiera pasado.

El médico que le da su terapia me ha recomendado que contenga físicamente al niño: quien internamente lo pide a gritos. El problema es que José está de mi tamaño y no es tan fácil controlarlo. Pero lo que me ha funcionado en esos momentos es la empatía con él. Ponerme sus zapatos, comprender que genuinamente no puede controlarse. No le permito que lastime a nadie pero a veces no puedo evitar que sea grosero conmigo. Con mi hijo José —y creo que nos pasa a todas las mamás que tenemos un hijo con TDA— mi sentido del respeto entre padre e hijo se ha modificado notablemente. Y durante muchos años ese fue mi conflicto principal y creo que es la razón por la que las mamás nos sentimos culpables. Siempre pienso: "Si yo le hubiera contestado a mi mamá de la manera como José a veces lo hace, o bien me habría roto la boca o habría sido castigada sin salir de mi cuarto el resto de mis días". No es exagerado lo que digo. Cuando no estaba muy empapada de lo que era el déficit de atención, las reacciones de mi hijo me sacaban de balance y me hacían culparme. "Este niño no tiene límites, no me respeta. Si a mí me trata de esta manera que soy su mamá, ¿qué debo esperar?", era mi diálogo interno. Enfrentar su rebeldía, su impulsividad y sus excesos emocionales me tuvieron en jaque durante mucho tiempo. Hoy que veo a la distancia aquellos días me doy cuenta de lo importante que es apoyar a estos niños quienes tienen una vida interior infernal.

"Cuando me acerco a un niño, me inspira dos sentimientos: ternura por lo que es y respeto por lo que puede llegar a ser."

Pasteur

"Lo que me cuesta más trabajo manejar con mi hija María, quien tiene TDA, es su rebeldía y la apatía con la que ve el mundo. Todo le da pereza y cuando le pido hacer las cosas, simplemente me contesta que no y se va. Mi esposo y yo hemos aprendido cómo manejar los límites y las consecuencias de su rebeldía, pero esta criatura parece no sentirse afectada en lo absoluto. Tenemos muy claro que el camino es largo todavía y que en el futuro cosecharemos todo lo que estamos sembrando", asegura Ivette Cárdenas, mamá de María, de 12 años de edad, y de Teresa, de nueve años.

Los castigos

Ana María Castellanos, psicóloga infantil y con varios pacientes con TDA, asegura que los castigos —de ninguna forma físicos— pueden ser una buena estrategia de apoyo para los padres de familia sólo si se utilizan para complementar las consecuencias positivas. Es decir, siempre deben ser la excepción. "Cada familia tiene su modo de operar pero yo he visto que cuando hay firmeza en las consecuencias y en los límites, los niños con TDA suelen ser menos difíciles de manejar. También es importante no amenazar y sí actuar en el momento preciso. Al niño hay que dejarle establecido con claridad lo que no se le va a tolerar. Hay que decírselo una sola vez. Si rompe la regla hay que actuar en ese instante", expone.

Los golpes y las reacciones físicas violentas no funcionan con los niños con TDA. Los especialistas recomiendan quitarles ciertos privilegios a los que tienen derecho o enviarlos a algún lugar de la casa en donde estén solos algunos minutos. Recomiendan que el tiempo de aislamiento sea de un minuto por año de edad del chico. Si tiene ocho años, se le deja solo en un lugar durante ocho minutos.

"Una técnica llamada *charting* —que significa, aunque no literalmente, estar muy atentos— es a menudo el primer paso en cualquier programa de modificación de comportamiento. Requiere que los padres definan específicamente el comportamiento que les preocupa para que pueda ser observado y tomado en cuenta. El *charting* hace que los padres estén más al tanto de su propio comportamiento y que los niños lo estén ante un comportamiento problema. Se les anima a dedicar de 10 a 15 minutos diarios como 'tiempo muy especial'. Los papás usan este tiempo para enfocarse en estar con el niño, atendiendo lo que está haciendo, escuchándolo y proporcionando retroalimentación positiva ocasional. A los padres se les enseña cómo usar efectivamente el refuerzo positivo atendiendo al comportamiento positivo de su niño e ignorando, dentro de lo posible, la conducta negativa. También se les enseña cómo disminuir el comportamiento inapropiado a través de una serie de respuestas progresivamente más activas: ignorando la conducta negativa, enseñándole a enfrentar las consecuencias naturales como no reemplazar un juguete dejado bajo la lluvia; consecuencias lógicas, como eliminar tiempo dedicado a ver la televisión si el niño sale de la habitación sin apagarla; y tiempo fuera. El término de tiempo fuera involucra tener al niño sentado quieto en un lugar designado durante algunos momentos después de haberse portado mal. Los padres aprenden a dar órdenes e instrucciones que puedan entenderse y ser atendidas por el niño con TDA." (Fundación Dahna, www.dahna.org.)

Una mamá afligida le preguntó al psicólogo de su hijo qué hacer cuando el niño reconocía su error y mostraba un gran arrepentimiento pidiendo disculpas una y otra vez, ¿había que seguir o no con la consecuencia? El especialista le respondió: "Claro que sí. Usted puede aceptar todas las disculpas del mundo e incluso abrazar al niño, pero la consecuencia tiene que seguir adelante. Solamente así ayudamos al chico a controlarse".

Suena fácil pero cuando una mamá se enfrenta a un niño con los ojos llenos de lágrimas que pide disculpas, el corazón se encoge y dan ganas de quitar el castigo. Yo creo que ahí sí depende de cada caso y del grado de impulsividad del niño.

Mi hijo José empezó a tener problemas en la escuela desde primero de primaria, todos estos años fueron muy difíciles, pero logramos evitar una expulsión. Cuando llegó a cuarto grado de primaria y arribó a una preadolescencia prematura, se puso terriblemente rebelde en la escuela. Era retador, y pienso que las maestras ya lo tenían en la mira. Todo el año escolar estuvo amenazado, aunque todos estábamos erróneamente convencidos de que la expulsión no llegaría. Sin embargo, llegó: a José no le dieron reinscripción para quinto grado de primaria. Fueron dos meses de tortura para el chico antes de saber la respuesta definitiva por parte de la escuela. No dormía bien, estaba malhumorado, la incertidumbre era tremenda. Su terapeuta nos pidió que la noticia se le diera públicamente. Es decir, frente a las directoras, las coordinadoras y sus maestras; que el niño tenía que darse cuenta de que los muros de contención que son las estructuras escolares no se deben romper porque las consecuencias son irreversibles.

Guillermo se resistió desde un principio a hacer eso, pero accedimos. Finalmente un día, antes del juicio a mi hijo, Guillermo le dio la noticia. José lloró muchísimo y con la voz entrecortada, por supuesto, sin saber

lo que decía, afirmó: "Mamá mi vida está destrozada, vámonos de esta ciudad". Estaba triste, desanimado, creo que no entendía muy bien que las reglas fueron rotas, pero Guillermo y yo decidimos, a última hora, que no teníamos por qué someter a un niño de 11 años a más señalamientos. Bastante duro era el golpe —porque mi hijo adora su escuela— como para seguirle poniendo alcohol en la herida. Puede sonar trágico y exagerado, pero para él lo es. Además, si uno como mamá o papá de un niño con TDA puede ser solidario, cómplice y apoyarlo, ¿por qué no hacerlo? Sé que si los expertos me oyeran me colgarían de los pies por romper con sus propuestas para manejar a un niño con este trastorno. Pero se trata de niños que sufren mucho. Por lo menos es el caso de José, quien es muy sensible y sentimental.

Toda la familia se ve trastornada por el déficit de atención de alguno de sus miembros. Si hay hijos menores, éstos piensan que no se les quiere, que no se les apoya y se sienten cansados del infierno de vivir con hermanos como los que tienen.

—Mamá, siento que mi papá quiere más a José que a mí —me dijo de repente Natalia una mañana.

—Mi vida, estás equivocada —le dije—. Lo que pasa es que tu hermano es un niño diferente a los demás que requiere atención especial. Pero papá te adora.

Ese sentimiento de abandono, Natalia me lo ha manifestado muchas veces y lo mejor fue llevarla también a una terapia. La ventaja de todo esto es que la niña tiene muy claro lo que siente y puede expresarlo. Y no es ella la única que se siente desbordada por el hermano. Guillermo y yo también nos sentimos afligidos y, a veces, incapaces de poder darle a nuestros dos hijos lo que necesitan, pero cuando toca ser el adulto "hay que entrarle al toro por los cuernos", como dicen por ahí.

Preguntas

La familia es uno de los apoyos principales para sacar adelante a quien padece TDA.

1. ¿Están enterados mis demás hijos del trastorno de su hermano?
2. Dicen que la escuela es el segundo hogar del niño. ¿Nos hemos acercado a los maestros y a los demás compañeros del niño para solicitar apoyo?
3. ¿Nos hemos olvidado de brindar atención y apoyo a los demás hijos, incluso, a nuestra pareja, o nos absorbe todo el tiempo el niño con TDA?
4. ¿Hemos manifestado a nuestro hijo con TDA lo importante que es para el resto de la familia? ¿Le asignamos tareas como a los demás?
5. ¿Cuento con un plan de trabajo para echarlo a andar con mi hijo con TDA?
6. El ambiente familiar y la habitación que ocupa, ¿son adecuados para que mi hijo con TDA pueda funcionar sin ocasionar daño a nada ni a nadie?

Mis conclusiones

_____

_____

_____

_____

_____

4

Niños problema: aquí no

Las investigaciones sobre educación infantil que se han realizado a todo lo largo y ancho del planeta, concluyen que en cada salón de clases existe, cuando menos, un chico que padece problemas de aprendizaje; en algunos casos puede tratarse de déficit de atención, en otros será dislexia o dificultades con las matemáticas y en algunos niños habrá dificultades con la lectura y la escritura.

En México el trastorno por déficit de atención empieza a ser un problema de salud pública. De hecho, se considera que es la afección neuropsiquiátrica más significativa en la población infantil y entorpece el rendimiento escolar de siete de cada 10 pacientes. El TDA viene acompañado frecuentemente de conductas de oposición, desafiantes y antisociales así como de trastornos del estado de ánimo, de ansiedad y del aprendizaje, lo que impacta de una manera importante la relación social y familiar.

De acuerdo con cifras del Consejo Nacional contra las Adicciones (CONADIC), órgano dependiente de la Secretaría de Salud, se estima, en términos conservadores, que 5% de la población infantil y adolescente lo padece, por lo que se podría afirmar que en México existen aproximadamente un millón 500 mil niños y adolescentes con este problema, cifra que podría duplicarse si se toman en cuenta los adultos que continúan padeciéndolo.

"Este grupo de pacientes es uno de los más vulnerables a sufrir maltrato infantil, rechazo escolar y aislamiento social; los adolescentes con TDA tienen mayor probabilidad de tener problemas con la justicia, comparados con los que no padecen el trastorno. La ausencia de tratamiento puede ocasionar fracaso escolar, social y familiar, multiplicando así los riesgos de que se presenten otros trastornos como es el caso de la farmacodependencia", expone el CONADIC.

En el terreno de la salud, el "Programa Específico de Trastorno por Déficit de Atención 2001-2006" consta de dos partes. La primera de ellas se refiere al análisis de la problemática del TDA: a los pocos antecedentes que existen acerca de este padecimiento; los conceptos generales sobre el trastorno, entre los que se encuentran: definición, factores asociados a la enfermedad, características del trastorno, conductas que lo acompañan —comorbilidad—, efectos sobre la salud, la educación y el desarrollo social, así como el manejo del TDA. También se abordan las acciones que se han llevado a cabo en nuestro país en materia de diagnóstico y tratamiento, investigación, formación de recursos humanos, infraestructura, normatividad y legislación. El Plan de Acción describe los retos, las estrategias, las líneas de acción, las acciones específicas y las metas que guiarán la operación del Programa.

Por lo que toca a las escuelas públicas, éstas tienen un sistema de apoyo y canalización y el gobierno federal pretende crear una Comisión Nacional de Trastorno por Déficit de Atención. Por el momento se ha puesto en marcha una serie de acciones para mejorar la atención de los niños. Se ha difundido información, además, se creó un consenso sobre los lineamientos bajo los que deben ser manejados estos niños desde el punto de vista público. Estas recomendaciones serán enviadas a todos los estados de la República para que cada entidad lo resuelva de acuerdo con los recursos con que cuenta. Otra acción es el proyecto de "escuela saludable", donde se incluye la detección de los trastornos de atención. Incluso, algunos de los medicamentos que se requieren para tratar el TDA se incorporaron en el cuadro básico de medicamentos de la Secretaría de Salud por lo que deben estar disponibles en cualquier dispensario del país.

El doctor Saúl Garza afirma que el problema es muy grande, "estamos hablando de que aproximadamente 7% de los niños sanos tienen TDA (alrededor de un millón y medio de niños), de los cuales sólo 15% son tratados. Si las escuelas públicas llegan a detectar a estos niños, los pueden enviar a los hospitales del sector salud en donde recibirán el apoyo que requieren. Asimismo, dentro del sistema educativo existe un programa que provee a las escuelas públicas un grupo de psicólogos y terapeutas que apoyan a tres o cuatro establecimientos en la misma región, de manera que ya no es necesario que esos niños salgan de sus planteles y sean enviados a centros de educación especial para su tratamiento", explica Garza.

A pesar de estos esfuerzos que apenas comienzan, todavía hay mucho por hacer. Los especialistas coinciden en afirmar que los niños con TDA no requieren acudir a escuelas especiales, pero la realidad es que en las escuelas tradicionales tienen muchos problemas y, en general, los rechazan.

"Soy mamá de una hija con TDA y he tenido muchos problemas para encontrar una escuela primaria donde la acepten porque nada más se enteran de que tiene este trastorno, inmediatamente me dicen que no hay cupo. Nadie quiere ayudarme con ella y es increíble que en pleno siglo XXI la gente tenga una mente cada vez más cerrada. Ahora los maestros no quieren tener problemas con los niños, tampoco quieren comprometerse ni apoyar a los padres de familia", expone Laura Cortés, mamá de Rodrigo, de 13 años de edad, y de Mariana, de nueve años.

Es importante que, como padres de familia, adquiramos la mayor cantidad de información posible acerca del TDA, así como es de mucha ayuda reunirnos con otros padres para que aprendamos que no estamos solos con este problema. También es importante comentar lo que para otros ha sido útil. Asimismo, es de mucho apoyo para el chico acudir a una terapia o a algún tipo de entrenamiento en destrezas sociales y técnicas que lo ayuden a concentrarse y pensar antes de actuar. Los niños mayores pueden aprender estrategias tales como utilizar libretas, listas o cronómetros que los ayudarán a organizar y completar tareas. Las técnicas

de comportamiento que utilizan los padres y maestros pueden ayudar al niño a cumplir exitosamente las demandas de los deberes escolares.

La mayoría de los niños con TDA realmente desean portarse bien y ser capaces de terminar las tareas, por lo que tal vez respondan a una señal no verbal predispuesta para regresar a sus tareas. Los refuerzos positivos (elogios y recompensas) por seguir instrucciones y completar tareas pueden

> *"Cada escuela necesita usar todos sus recursos para proporcionar asistencia adicional a los estudiantes que necesitan más ayuda."*
>
> *Rief*

ayudar, pero tales refuerzos necesitan ser inmediatos y frecuentes. Los niños con TDA no responden bien a las recompensas a largo plazo. Las oportunidades para obtenerlas deben ser concedidas a los preescolares constantemente; varias veces al día a los niños de la escuela primaria, y por lo menos una vez al día a los adolescentes. Otras técnicas específicas incluyen: darle al niño una o dos recomendaciones sobre las labores escolares que debe realizar; dividir una tarea escolar en varios segmentos que serán revisados por un adulto luego de que cada uno sea completado; establecer pequeños periodos de tiempo y animar al niño a acabar una tarea antes de que termine el tiempo, y ayudar al chico a seguir un calendario y a organizar sus tareas en un cuaderno o libreta.

Los niños con déficit de atención están en riesgo permanente de enfrentar dificultades para poder cumplir con las reglas de la escuela, para alcanzar un aprovechamiento académico adecuado, además de que son presas fáciles de sentimientos de incapacidad e incompetencia. Por eso es fundamental buscar una escuela

que reconozca y acepte las características de nuestro hijo y esté dispuesta a hacer modificaciones para adaptarse a las necesidades y a las dificultades de un niño con TDA.

Muchos profesores reconocen sus limitaciones y consideran no estar suficientemente preparados para trabajar con estudiantes con TDA. Y el hecho de que maestros sin conocimiento del padecimiento tengan que trabajar en cada curso con, al menos, un estudiante con dicho trastorno, justificaría modificaciones en las currículas de formación académica para saber cómo intervenir en la formación de estos niños. Es importante que el profesor comprenda cabalmente que el déficit se debe a insuficiencias personales que impiden conductas alternativas más positivas y controladas. Por ello, partiendo de las fortalezas y las debilidades del niño con déficit, la intervención debe centrarse en el desarrollo de un plan educativo que mejore el repertorio de conductas del chico.

"Es fundamental enseñar al pequeño a poner en marcha nuevas formas de reaccionar que reemplacen a las problemáticas mediante programas que desarrollen habilidades sociales, autocontrol y solución de problemas. Es importante tener en cuenta que las conductas características de los niños con TDA no son desafiantes, inadaptadas ni negativas sólo porque sí, sino que tienen una causa. Por eso la intervención debe centrarse en mejorar las habilidades de autocontrol, y aunque la causa de la conducta del niño con TDA es interna, el ambiente representa un papel fundamental en la modulación del trastorno. El objetivo no debe reducirse a mejorar las conductas problemáticas, sino conseguir importantes cambios personales para que el niño alcance una vida más digna y satisfactoria", afirma el neurólogo ibérico A. Miranda Casas quien, junto con otros investigadores, expone, en la siguiente tabla, las principales diferencias entre el enfoque tradicional y el nuevo enfoque en la intervención en el TDA.

"El problema de los adultos que conviven con niños que padecen TDA no es si hacen o no los esfuerzos para ayudarlos. Lo que importa es que sepan sobre el trastorno y organicen formas para trabajar adecuadamente con el niño."

Anónimo

"En México, desafortunadamente las escuelas tienen poca información sobre el déficit de atención a pesar de que es un problema añejo. Yo, por ejemplo, hace más de 20 años di clases en una escuela preparatoria donde la mayoría de mis alumnos habían sido rechazados de otras escuelas y, aparentemente, eran 'chicos problema'. Hoy, que lo veo a la distancia, comprendo que eran niños inadaptados debido a su déficit de atención, pero en general eran alumnos muy creativos, cálidos y

"...o cuando la actitud del maestro hace la diferencia"[1]

Características	Intervención tradicional	Nuevo enfoque
Tipo de respuesta de los profesores.	Reactiva (reducir la conducta problemática).	Proactiva (prevención mediante intervención sobre la conducta y cambios en los contextos).
Participantes.	Padres y/o profesores como ayudantes en la intervención diseñada por el psicoterapeuta.	Psicoterapeuta, padres, maestros, vecinos, familia, amigos. Participantes activos.
Componentes que intervienen en el apoyo al niño.	Técnicas adecuadas para la corrección de la conducta.	Psicofármacos, técnicas para la corrección de la conducta, modificación del ambiente, enseñanza de habilidades.
Sujeto sobre el que se debe intervenir.	La conducta problemática.	Los contextos problemáticos y el autocontrol.
Momento en el que se actúa.	Intervención puntual.	En todo momento a lo largo del ciclo vital.
Objeto de apoyo al niño.	Reducir la conducta problemática.	Mejorar el estilo de vida.

Fuente: *Psycho-Educational intervention in students with attention deficit hyperactivity disorder (www.revneurol.org).*

---

[1]El título de esta tabla es aportación de un grupo de mamás de niños con déficit de atención.

simpáticos. Sólo había que saberlos tratar", relata Rosa María Olavarrieta, normalista y psicopedagoga.

"Las escuelas no saben qué hacer con un alumno con TDA, entonces, lo más fácil es atiborrar a los papás de culpas y problemas que en realidad la escuela tendría que resolver. Recuerdo un día cuando mi hijo Daniel, de 11 años de edad, llegó con un recado de la maestra de español en el que decía: 'Sra. Reyes: su hijo se portó muy agresivo con sus compañeros y les llamó perdedores'. Pienso que ese problema —el cual no considero como tal— tuvo que haberlo resuelto ella, o acaso yo le mando recados que digan: Maestra Hernández, mi hijo Daniel no se comió bien el guisado. Por favor llámele la atención", expone irónicamente Clementina Reyes, mamá de Daniel y de Dulce, de 10 años de edad.

No es raro que los padres de un niño con TDA enfrentemos situaciones difíciles de manejar que cuestionan nuestro papel como papás y nos hacen parecer ante

los demás como si no estuviéramos cumpliendo nuestra responsabilidad social de manera adecuada.

Cuando mi hijo José iba en segundo grado de primaria, viví una de las experiencias más dolorosas. De repente, recibí una llamada por teléfono en la oficina en la que me pedían me presentara de manera urgente en la escuela. El niño estaba bien pero era importante que asistiera. Era ya casi la hora de la salida, así que primero recogí a Natalia. La niña salió llorando desconsoladamente, me abrazó y me dijo: "Mamá me dijeron que mi hermano está loco y se quiso aventar por la ventana de su salón". Se me erizó todo el cuerpo y le pregunté "¿Cómo está José?" En ese momento salió la psicóloga y entré a la escuela, entonces me comentaron que José había amenazado con aventarse por la ventana del salón porque le habían quitado una estampa de Pokemon.

En primer lugar, creo que la maestra no supo manejar la situación: sabiendo que el niño es impulsivo y con una recomendación del paidopsiquiatra de adelantarse siempre a sus impulsos, me parece que no actuó con pericia. En segundo lugar, fue una exageración por parte de la escuela. De acuerdo con el testimonio de sus compañeros y del propio niño, quien por cierto se hizo acreedor a una severa regañada, José no se hubiera atrevido a hacer semejante tontería. En tercer lugar, mi hijo es impulsivo pero no es tonto. Eso sí, es manipulador y supo manejar a su antojo a toda la estructura escolar. En ese momento vino la primera amenaza de expulsión. Yo me sentía triste y frustrada por imaginarme cómo se sentiría mi hijo para haber actuado de esa forma. Pero el golpe más duro fue que un grupo grande de mamás de la escuela, que me conocían y sabían del problema de mi hijo, firmó una carta donde pedían a la dirección expulsar a José por ser 'emocionalmente nocivo' para sus hijos. Por supuesto, los directivos no le dieron la menor importancia a la misiva, pero mi hijo quedó estigmatizado durante dos años más, hasta que terminaron expulsándolo por su bajo promedio en conducta.

De acuerdo con Rosa del Carmen Flores, profesora de la Facultad de Psicología de la Universidad Nacional Autónoma de México, la escuela puede hacer mucho para apoyar a los padres de un chico con TDA. Los niños con TDA necesitan superar la crisis en la que se ven envueltos, requieren aprender a reconstruir su salud emocional y social. La meta de la escuela debería ser la de colaborar con ellos para que tengan una imagen realista y valiosa de sí mismos.

Una forma de ayudar es tomar de nuevo en cuenta las capacidades consideradas como la base del desarrollo social del niño.

Entre ellas destaca el sentimiento de confianza que se vive cuando las personas con las que convivimos nos ayudan e impulsan. "La escuela puede ayudar a recuperar esta confianza demostrándole que su hijo es parte de sus preocupaciones; enviando regularmente notas a casa con comentarios directos en los que el maestro reconozca algo positivo que el niño haya logrado." Otra forma de auxiliarlos es poniéndolos en contacto con padres que estén atravesando por problemas similares y motivándolos para que, de manera conjunta, busquen soluciones con profesionales involucrados en la capacitación y supervisión de los padres.

Hay que estimular la autonomía que es la capacidad para hacernos cargo de las acciones que realizamos y, con ello, regular nuestra forma de

> *"Su hijo con TDA es un reto personal como profesora."*
>
> *Una maestra a la mamá de un niño con déficit de atención*

vida de manera competente y eficiente. "Los padres de niños con déficit de atención no son autónomos en su papel. La mayoría enfrenta las tareas de la crianza con una gran inseguridad sobre su desempeño y dependiendo de una ayuda que, frecuentemente y por desgracia, no llega."

Desafortunadamente y a pesar de que la escuela podría ayudarnos, no lo hace. Al contrario, muchas veces se convierte en la enemiga principal de la autoestima del niño con TDA.

"La autoestima de mi hijo José Luis está hecha añicos debido a la falta de apoyo de la escuela. La última que me hicieron fue increíble. Mi hijo sacó un pañuelo para sonarse y la maestra lo echó del salón con el siguiente comentario: 'José Luis, ni siquiera sabes sonarte. ¿Tienes que ser siempre tan ruidoso?'", relata Sonia Hernández, mamá de José Luis, de 10 años, y de Pamela, de siete años de edad.

Otro de los aspectos que menciona Flores es la importancia de la iniciativa como la capacidad para empezar una tarea y concluirla. Asegura que los padres de niños con necesidades especiales pueden enfrentar cotidianamente situaciones en las que no saben cómo reaccionar. La escuela debería ser, en este caso, un oyente solidario y de confianza a quien comunicar dudas, sentimientos y que los apoye en la búsqueda de soluciones.

"A mi hijo lo han expulsado de dos escuelas privadas porque tiene TDA. Si pudiera evitar que el niño se enfrentara a este sistema educativo tan caduco, no lo inscribiría en ninguna. Ahora, las maestras me recomiendan que lo lleve a una escuela de niños con necesidades especiales, contrario a lo que han recomendado su terapeuta y el propio neurólogo. Si pudiera demandarlas lo haría, por no darme el servicio que mi hijo requiere. Además, pago lo que las escuelas cobran, nada lo hacen gratis", expone Lourdes Ramírez, mamá de Santiago, de 12 años de edad, y de Andrea, de nueve años.

La empatía es un elemento más que sirve para ofrecer al niño un desarrollo acorde a sus necesidades; la escuela debería ponerse en los zapatos de los padres de familia y entender cómo se sienten.

"Al contrario, nos linchan", explica Eugenia Ramos, mamá de Santiago, de nueve años de edad y diagnosticado con TDA.

Una de las partes más golpeada por la escuela, y debería ser al contrario, es la autoestima tanto de padres como de niños con TDA.

Yo no he sido tan desafortunada con el trato que he recibido del colegio de José y Natalia, pero abundan los testimonios de padres de familia que se quejan de la forma en la que las escuelas los señalan a ellos y a sus hijos.

Cómo si no fuera suficiente tener un niño con TDA.

"Mi hijo de seis años ha sido expulsado del colegio dos veces porque sus maestros no lo soportan, es muy agresivo con sus compañeros y él ha sido muy lastimado en su autoestima. Está asistiendo a terapia y medicado con Ritalín, sin embargo, no encuentro mejoría, y lo que es peor, ni un colegio donde pueda ser aceptado", comenta Sara Ponce, mamá de Tomás, de seis años, Tania, de ocho años, y Alejandro, de cuatro años.

Evidentemente lo que menos quieren las escuelas es tener más problemas. El personal, por desgracia, no está capacitado para manejar a los chicos que tienen TDA y con su conducta tan intolerante y agresiva lo único que logra es hacer más rebelde al menor quien a su vez es regañado por nosotros, los papás, por portarse tan mal. Esto se convierte en un círculo vicioso, porque los expertos están en desacuerdo que estos chicos requieran escuelas especiales, pero no tienen cabida en las regulares. Son niños normales, pero diferentes. Se antoja paradójico, ¿no?

Tengo una colección escrita de quejas en contra de José. No hay un solo día en el que la maestra no haya visto su "mal comportamiento" y yo me pregunto, ¿acaso se dieron cuenta de los días cuando el niño estaba sosegado?, ¿se lo reconocieron? Incluso una maestra, después de ser quien más señaló y se quejó de mi hijo, tuvo el poco tacto de decirme: "Señora, ya supe que se lleva a José de la escuela. Me parece un niño brillante y no quisiera perder el contacto con él".

¡Por favor! Si lo que más anhela es quitárselo de enfrente.

Cuando empiezo a recordar tantas y tantas anécdotas adversas a la autoestima del niño, el sentimiento de malestar se apodera de mí y empiezo a perder la objetividad —y en el caso de mamás cuyos hijos son el blanco de las críticas, no creo que exista una que no pierda el estilo—, así que es mejor pretender que vamos a encontrar una escuela en la que nuestro hijo con TDA sea recibido con los brazos abiertos y esté dispuesta a aceptar todo lo positivo que nuestro hijo pueda tener y aportar a sus compañeros.

Arturo Mendizábal expresa que los adultos somos, especialmente los profesores, quienes volvemos intolerantes a los compañeros del chico con TDA: "Los pequeños con déficit deberían ser vistos de manera tan natural como son vistos y aceptados los morenos, los más gorditos, los de pelo claro. Las escuelas deben entender que existe la diversidad, incluso de conductas, y uno de los principales valores que debemos tener para educar a los niños es el de la tolerancia". Claro que no se trata de permitir que el niño con déficit ande por la vida golpeando a los demás y fastidiando todo el tiempo, pero las escuelas tienen la obligación de aceptarlos y ayudarlos a sobrellevar la situación ya de por sí difícil para ellos.

Los maestros, una ayuda indispensable

A pesar de que a los profesores no les corresponde hacer un diagnóstico de déficit de atención, ellos pueden y deben hacer preguntas. Por ejemplo, averiguar si alguien ya examinó la visión y la audición del niño.

"La tolerancia es uno de los principales valores para la sana convivencia."

UNICEF

También deben asegurarse de que otros problemas médicos hayan sido descartados.

Es importante para el maestro estar seguro de que los padres del niño están trabajando en equipo con él. Asimismo, debe buscar apoyo en sus compañeros de trabajo, el psicólogo escolar y personas que conocen del tema.

Uno de los personajes más importantes en la vida del menor es el maestro, por eso es importante que éste le pregunte al niño, sin temor a perder su autoridad, cómo puede ayudarlo. Los niños con TDA generalmente tienen una gran intuición y, si se les pregunta, pueden decirle al profesor cuál es la mejor manera de enseñarles.

Es importante que el maestro tenga siempre presente que los niños con déficit necesitan aprender a organizar sus pensamientos, sus conductas, sus respuestas. Su ambiente escolar debe organizar lo que ellos no pueden hacer por sí mismos. Asimismo, necesitan listas, recordatorios, previsiones y que los maestros se anticipen.

La psicóloga Mariana Camarero afirma que el maestro, después de establecer las reglas en el salón de clases, debe hacer que el niño con déficit las escriba y las entienda, ya que estos chicos establecen su confianza

"Para un maestro es más importante ser estimulante que ser importante."

Anónimo

en la medida en que saben qué se espera de ellos. También sugiere hacer contacto visual todo el tiempo. Una mirada, un guiño, puede recuperar a un niño cuando está soñando despierto, o puede ser la señal cómplice que haga el profesor para recordarle que tiene que controlarse, sentarse bien o evitar alguna conducta disruptiva.

El profesor debe elaborar un calendario de actividades tan predecible como sea posible y colocarlo en el pizarrón o en el pupitre del niño.

Ojalá la escuela pudiera eliminar o reducir la frecuencia de las pruebas o evaluaciones con límites de tiempo. Los expertos afirman que no hay un gran valor educativo en estas pruebas, y no permiten que muchos niños con TDA demuestren lo que realmente saben.

Camarero recomienda a los maestros buscar más calidad que cantidad en las tareas escolares. Los niños con TDA frecuentemente necesitan una carga reducida.

En su artículo titulado *50 recomendaciones para el manejo de los trastornos de atención en el salón de clases*, Edward M. Hallowell y John J. Ratey (www.sinapsis.org, junio 2002) sugieren dividir las actividades largas en varias tareas cortas. Ésta es una de las técnicas cruciales entre todas las posibilidades de enseñanza para niños con TDA. Las labores largas agotan más rápido al niño y él regresará al tipo de respuesta emocional anterior: "Yo nunca seré capaz de hacer esto". Al dividir el trabajo en partes más manejables, cada componente luce suficientemente pequeño para ser realizado, el niño puede dejar de lado la sensación de estar agotado. En general, estos niños pueden hacer más de

lo que ellos mismos piensan. Cuando los trabajos son divididos, el maestro puede dejar al niño que pruebe sus capacidades por sí mismo. Con los niños pequeños esto puede ser extremadamente importante para evitar "el nacimiento de las rabietas" que son las bases de la frustración anticipada. Y a los niños mayores puede ayudarlos a evitar las actitudes de derrota, que se presentan con frecuencia en su camino.

Desafortunadamente, en México existen pocas escuelas que tienen programas de integración para los niños con déficit de atención. Sin embargo, hay propuestas para modificar esta situación. De hecho, el gobierno federal recientemente presentó el Programa Intersectorial de "Educación Saludable", a través del cual las Secretarías de Salud y Educación Pública implementarán acciones para mejorar las condiciones de salud de las niñas, niños y adolescentes de cuatro a 15 años de edad que cursan educación básica (preescolar, primaria y

Si los padres ofrecen una comunicación abierta, el educador debe:

– Utilizar una buena comunicación, evitando la crítica.

– Destacar los aspectos positivos del niño y sus cualidades.

– Ofrecer alternativas claras y realistas de lo que espera de ellos para resolver las dificultades que presenta el niño con TDA.

– Establecer una forma de comunicarse regularmente.

– Ofrecer información al hogar periódicamente, como una forma de apoyar al estudiante en casa.

– Evitar enviar mensajes o recados negativos con quejas.

– Ser concreto.

– Comprometer a los padres en el proceso de adaptación del niño.

Fuente: Marina Peña, *Así aprendo... Guía para educadores;* 1ª edición, Fundación DA, San José, Costa Rica, 2000.

secundaria). De estas líneas de acción sobresale la correspondiente a proporcionar servicios para prevenir, atender y resolver aspectos relacionados con diversos problemas de salud, entre los que se incluye el trastorno por déficit de atención.

Pero mientras se crean escuelas especiales o se integra a los niños con TDA a las existentes, los padres de familia tenemos que buscar una escuela donde nuestro hijo sea tratado de manera adecuada. Probablemente será difícil lograr que se hagan adaptaciones curriculares para beneficiar el desempeño del chico, pero familia, escuela y médicos o psicólogos tenemos mucho trabajo conjunto que realizar.

Preguntas

Hace falta mucha información para poder manejar el trastorno por déficit de atención a pesar de que está considerado ya como un problema de salud pública.

1. ¿Mi hijo asiste a la escuela adecuada?
2. Cuando mi hijo con TDA realiza cosas positivas, ¿se las reconozco de inmediato o ni siquiera me doy cuenta de éstas? ¿Tengo clara una lista de maneras de reforzar positivamente a mi hijo?
3. ¿Nos hemos preocupado por saber si en la escuela entienden que el TDA es un trastorno de la química del cerebro de nuestro hijo y que nada tiene que ver con que el niño tenga ganas de fastidiar?
4. ¿Siento confianza en los demás y en que contribuirán con nosotros para que el niño la pase mejor en cualquier círculo donde se encuentre?
5. ¿Hemos fomentado en nuestros hijos el valor de la tolerancia? Sobre todo porque seguramente alguno de ellos algún día tendrá un compañero con déficit de atención.
6. ¿Somos claros y firmes con las reglas y los límites que le marcamos a nuestro hijo con TDA?

Mis conclusiones

_____

_____

_____

_____

5

¿Cómo debo tratar a mi hijo?

Cuando en casa se tiene que educar a un niño con TDA el asunto no es fácil. Pero si se cuenta con la información, el diagnóstico y el chico está en tratamiento, parecería que todo es más sencillo, ¿o no?

Pero el asunto se dificulta un poco más. Parece una contradicción, y es una contradicción.

Sé que mi hijo José padece este trastorno, sin embargo, a veces no sé cómo tratarlo ni cómo ayudarlo a controlar sus impulsos. De lo que estoy absolutamente convencida es de que el niño necesita mucho cariño y mucho contacto físico. Requiere saber que lo queremos y que no lo vamos a dejar de apoyar.

Indudablemente, el tipo de padres que necesitan estos niños son los firmes y amorosos, los que establecen con claridad las reglas y las consecuencias, pero al mismo tiempo saben dar apoyo, son cariñosos y se enfocan en la atención al niño. Todos los papás del mundo, tengamos o no hijos con déficit, hemos experimentado que las cosas fluyen mejor cuando asumimos nuestro papel de adultos y de autoridad, sin temor al fracaso ni a que el chico nos rechace.

La psiquiatra infantil Berenice Villasana nos ofrece una serie de recomendaciones para poder llegar a ser unos padres efectivos.

Es importante aceptar el hecho de que nuestro hijo es diferente. Tratar de esconder esta situación o rehusar hablar de ello sólo hace sentir al niño que nos avergonzamos de él. No olvidemos, nos recuerda Villasana, que el chico tiene un problema médico que lo hace perder la atención y el control sobre su mundo emocional, social, afectivo y escolar. Entre más rápido aceptemos y enfrentemos esa situación, mejor lo podremos ayudar.

Otra recomendación es establecer reglas, rutinas y horarios para las actividades del niño. Ser consistentes y no modificarlas más que por algún motivo en extremo especial. Si es necesario escríbalas y repáselas cotidianamente con su hijo.

Haga un compromiso de vida con el chico. Es decir, hable con él hasta que el pequeño se convenza de que haga lo que haga, por más mal hecho que esté, usted siempre estará ahí de manera incondicional.

Planee un tiempo especial para usted y para su hijo. En ese lapso harán lo que al chico más le plazca: jugar, leer o conversar. Hágale sentir que es "su tiempo juntos".

Tenga paciencia y sea siempre muy amorosa con su hijo. No espere más de lo que él le puede dar y tenga siempre muy claros sus sentimientos respecto al trastorno del niño. Todos queremos a nuestros hijos, sin embargo, los que padecen TDA suelen producirnos confusión y, sobre todo, mucha frustración.

Grad Flick da algunas recomendaciones como estrategias que buscan cambiar la reacción del niño frente a determinados problemas. Con estos enfoques, centrados en el propio niño, se pretende cambiar su proceso interno y éstos lo pueden ayudar, en casa o en la escuela, a estructurarse u organizarse.

1. **Modelar instrucciones**: enseñarle a que repita y repase las instrucciones antes de empezar la tarea. "Este repaso y repetición de las instrucciones contrarresta la tendencia del chico a empezar una tarea impulsivamente y sin estar seguro de lo que tiene que hacer."
2. **Modelar solución de problemas**: después de explicar al niño lo que debe hacer, se le debe decir cómo hacerlo, y si hay soluciones, debe enseñársele cuál de las soluciones es la más apropiada. "Con este proceso de solución de problemas, el niño continuará hablándose a sí mismo, monitoreando cada paso del proceso y usando la mente para verificar si su trabajo es correcto."
3. **Enseñar estructura de organización**: los chicos que se enfrentan a tareas difíciles con un plan organizado, desarrollan un mejor trabajo. Esto es un complemento del proceso de hablarse a sí mismo e ir realizando adecuadamente paso a paso el trabajo.

4. **Enseñar automonitoreo**: el desempeño en el trabajo del niño puede mejorar con el uso de señales periódicas para ayudarlo a desarrollar la habilidad de automonitorearse.

"No te puedes imaginar todas las actitudes que he modificado para que mi hijo Sebastián mejore su comportamiento", un chico de 11 años de edad y con TDA, "pero nada había funcionado. Sin embargo, me di cuenta que nada cambiaría si, en primer lugar, yo no aceptaba el trastorno del niño y seguía teniendo expectativas de él como si se tratara de un niño normal. Un día, su terapeuta me recomendó seguir la estrategia del 1, 2, 3 que consiste, simplemente, en una interacción adecuada de sentimientos":

Paso 1: Pedirle al niño que ponga su ropa sucia en el lugar adecuado.

Paso 2: En la forma de pedir está el dar: el niño responde al haber recibido una instrucción de manera amable y pone su ropa en el cesto de la ropa sucia.

Paso 3: Se agradece al niño lo que hizo, o se le reconoce la forma en que lo hizo.

"Con la práctica, esto nos llevó a una mejor relación con el niño. Sugerimos en la escuela que tal vez eso también les podría funcionar y todo parece indicar que las cosas marchan mejor", relata Adela Casarín, mamá de Sebastián y de Jimena, de nueve años.

Es importante insistir que lo que puede funcionar con un niño tal vez no opere con otro. Esto depende del carácter y el temperamento del pequeño.

No me gusta decirlo, pero con José me funcionan mejor las amenazas. Son odiosas, pero resultan. Así le digo: "José, a lavarse los dientes". Por supuesto, el niño no oye sino hasta la tercera vez entonces; es cuando le digo "Olvídate de usar Internet". Inmediatamente corre al baño a lavarse los dientes. Así es con todo. Parece mentira pero ya es una forma de interactuar con él.

Teresa Martínez tiene una hija de ocho años con TDA. "Tengo reglas escritas por toda la casa porque parece que Samia vive en la luna."

Tere nos mostró una cartulina que tiene pegada en la puerta de la habitación de sus hijas —la otra niña es Ana Lucila y tiene seis años de edad.

1. Permanecer sentada mientras como.
2. No interrumpir cuando los demás están hablando.
3. Cuando voy en el automóvil debo permanecer quieta y con las manos cruzadas en mis piernas.
4. Permanecer sentada y sin subir los pies a los muebles mientras veo televisión.
5. Cuando me enojo debo mantener mis manos quietas.
6. Saludar a los demás de manera amable.
7. No pelear con mi hermana.
8. Hacer primero la tarea, después jugar.
9. Lavarme los dientes después de cada comida.
10. La hora de dormir es a las 8:30 de la noche.
11. Despertarme a las 6:30 y estar vestida a las 7 de la mañana.
12. Revisar mi lista de deberes todos los días.

La lista está elaborada con la letra de Samia y cada uno de los puntos a seguir está marcado con un plumón de distinto color.

Los especialistas nos recomiendan siempre ser muy concretos y claros en las instrucciones que les damos a los niños con TDA.

Mónica García, mamá de Gerardo, de nueve años de edad y con TDA, también nos mostró una lista con la que debe pedirle a su hijo las cosas que quiere que éste haga.

1. Pon tus juguetes en su lugar.
2. Vacía todos los botes de basura en el bote grande y lo colocas en la puerta de entrada al departamento.
3. Sírvele un vaso de agua a tu hermanito.
4. Abrocha el cinturón de seguridad en el automóvil.
5. Dales de comer a los pájaros.
6. Regresa la leche al refrigerador después de usarla.

"Pueden parecer instrucciones muy autoritarias, pero me funciona muy bien dejar de preguntarle si lo quiere hacer o no. Me limito a dar una instrucción y Gerardo la cumple."

> *"Es necesario tomar en consideración la influencia de la cultura y el ambiente social a los cuales la persona pertenece, si se quiere entender plenamente el trastorno por déficit de atención, diagnosticarlo con acierto y proveer los tratamientos necesarios."*
>
> *Bauermeister*

Susana del Valle, psicoterapeuta familiar, afirma que a los padres que usan esta forma de comunicación les funciona mejor la relación con sus hijos ya que están seguros de sus creencias y pueden expresar sus ideas y comunicarse de manera clara y directa. "Es también un buen camino para que el niño se vuelva responsable y sea capaz de organizar y estructurar su propia vida interna", afirma.

Flick, en la obra citada, afirma que los padres aseverantes son los que mejor interactúan con sus hijos. Para lograr eso nos recomienda:

a) Diga lo que quiera decir, y lo que diga, dígalo en serio.
b) Dé las órdenes de manera cortés, pero firme.

c) Haga contacto visual con el niño antes de dar una instrucción.

d) Déle seguimiento a sus órdenes con supervisión inmediata.

e) No le pida al niño que le haga caso. Recuérdele que las órdenes deben seguirse.

f) Si el niño trata de convencerlo de otra cosa, manténgase firme. No se deje seducir.

Debemos ser eficaces con nuestras comunicaciones, sugiere Flick.

A muchas otras mamás les funciona "ignorar olímpicamente" —como ellas dicen— los comportamientos necios de sus hijos con TDA. "Créeme que esto ha debilitado pleitos y llantos en la casa", relata entusiasmada Mónica Concha, mamá de David, de 14 años de edad, y de José, de 12 años y diagnosticado con TDA.

Flick nos sugiere una lista de comportamientos a ignorar:

1. Gemir.
2. Poner cara.
3. Necear o hacer peticiones de manera repetitiva —como las de mi hijo José.
4. Exigencias insistentes.
5. Gritar y hacer berrinche.
6. Llorar.
7. Hacerse el enojado.
8. Maldecir con afán de provocar una reacción.
9. Ruidos no apropiados.
10. Preguntas repetitivas.
11. Comer de manera inapropiada.
12. Hablar como bebé.
13. Quejarse.
14. Rogar cuando ya se le dio una respuesta.

Leticia Díaz sugirió poner en un lugar visible, como el refrigerador o en la habitación del niño, una lista con las reglas que el niño deberá cumplir a corto y a largo plazos, anotando con detalle sus deberes. Revisarla con él todos los días por la noche, para verificar si completó sus deberes y si tiene todos su libros listos para llevar a la escuela al día siguiente. Debemos enfocarnos en todo lo que nuestro hijo está haciendo correctamente, en lugar de recordarle a diario lo que está haciendo mal. Ayudémoslo a responsabilizarse por pequeñas tareas, para fortalecer su autoestima y poder personal.

El ejercicio es otra de las recomendaciones de los padres con niños que padecen déficit de atención. Eloína Carlos comenta que su hijo ha resultado muy bueno para el fútbol. "Intentamos béisbol, pero como tenía que esperar demasiado tiempo para que llegara su turno al bat, el niño se desesperaba. También me funcionaron la natación y el karate, ambas actividades, aunque son solitarias, requieren de mucha concentración y que el niño esté siempre atento de sí mismo."

Cómo usar estrategias efectivas de comportamiento

1. No pierda la calma.

2. Escuche reflexivamente el punto de vista de su hijo.

3. Asegúrese de entender verdaderamente los sentimientos de malestar de su hijo.

4. Asegúrese de que su hijo comprende lo que se supone no debería hacer o decir.

5. Sea siempre consistente y predecible frente a los ojos de su hijo. No permita que sus estados de ánimo interfieran en la respuesta que le da a su hijo.

6. Trate de que las respuestas que le da a su hijo sean inmediatas y, si no está de humor, de preferencia evite reaccionar. Podría lastimar la autoestima del chico.

7. Trate de que las consecuencias sean cortas. No castigue a su hijo durante una semana sin ver televisión, por ejemplo.

8. No lo castigue con actividades que beneficien al niño, por ejemplo, la bicicleta o los patines.

9. No amenace. Si no va a cumplir su castigo, mejor piénselo.

10. Déle a su hijo tiempo de calidad. Es decir, conversen juntos, jueguen, ríanse.

Fuente: *The A.D.D. Book*; William Sears & Linda Thompson. Little, Brown & Company, 1a. edición, USA, 1998.

Consejos para maestros

- Aprenda más acerca del TDA.
- Investigue qué cosas en particular son difíciles para el alumno. Por ejemplo, un alumno con TDA podría tener problemas al comenzar una tarea, mientras que otro podría tener dificultades al terminarla e iniciar la siguiente. Cada alumno necesita ayuda diferente.
- Reglas y rutinas claras ayudan a los alumnos con TDA. Fije las reglas, horarios y tareas. Establezca momentos para desempeñar tareas específicas. Hágale saber al chico cualquier cambio en el horario.
- Enseñe al alumno cómo usar un cuaderno de tareas y establecer un horario diario. Enséñele destrezas de estudio y estrategias para aprender y fortalézcalas regularmente.
- Ayude al alumno a conducir sus actividades físicas, por ejemplo, deje que el alumno haga su trabajo de pie o en el pizarrón. Proporciónele descansos regulares.
- Asegúrese de que las instrucciones sean claras y que el alumno las siga. Proporcione instrucciones tanto verbales como escritas.
- Trabaje junto con los padres del alumno para crear e implementar un plan educativo preparado especialmente de acuerdo a las necesidades del alumno. Comparta regularmente información sobre cómo se está desempeñando el alumno en el hogar y escuela.
- Esté dispuesto a probar nuevas maneras de hacer las cosas con el niño que tiene TDA. Tenga paciencia e incremente las oportunidades del alumno para lograr el éxito.

De acuerdo con Enriqueta Gómez, psicóloga infantil, los padres de niños con déficit de atención necesitan tener cierto grado de profesionalización en técnicas de control de conducta. Se trata de niños mucho más difíciles de educar, y los padres tienen que ser, en cierto modo, casi expertos en la educación, porque lo que se juegan es mucho: el presente y el futuro emocional de su hijo.

El niño con déficit es más difícil de educar, los errores educativos de la familia tienen una repercusión más grave en ellos y los síntomas y las conductas erradas se multiplican. "La capacidad de autocontrol también se educa y si bien el problema de estos pequeños tiene una base biológica que les predispone al descontrol, todo lo que educativamente se pueda aportar no debe ser desaprovechado."

Aunque en México los programas educativos para padres son prácticamente nulos, en los países donde se han desarrollado (Estados Unidos, Canadá, España, Costa Rica, por mencionar algunos ejemplos) han demostrado tener éxito. De esta forma, se reduce la posibilidad de que el TDA vaya derivando en otro trastorno, como puede ser el trastorno negativo desafiante, o el trastorno disocial.

"A todas las mamás que conozco, y que tienen un hijo con déficit, las caracteriza —como a mí— un riesgo enorme de padecer ansiedad y depresión. Ya de por sí es estresante educar a un hijo, pero la labor se multiplica cuando éste tiene algún trastorno", asevera Berta Torres, mamá de un adolescente de 14 años con déficit de atención.

¿Por qué un niño con TDA es más difícil de educar?

Yo tengo la respuesta en casa. Natalia es una niña dócil, segura de sí misma, con iniciativa. José es mayor, pero emocionalmente es menor que su hermana. Es muy impulsivo, así que cuando se enoja tengo que proteger a Natalia para evitar que el niño pelee con ella. Los psiquiatras infantiles aseguran que es difícil por duplicado tratar con ellos por el desequilibrio que supone su grado intelectual, su capacidad mental y su falta de autocontrol.

La doctora española Isabel Orjales asegura: "Esta falta de armonía hace que los padres tengan grandes inseguridades en el momento de educarlos o aplicarles límites. Son niños que no controlan situaciones, las cuales deberían controlar dada su edad. Por otra parte, su mayor dependencia física y emocional, su hiperactividad e impulsividad, provocan, por ejemplo, que no puedan trabajar solos, no saben jugar solos, sin buscar la presencia de alguien. Necesitan un mayor control externo y, por muchos años, necesitan límites educativos claros, más frecuentes y con mucha constancia". (www.aap.org.ar, junio de 2002.)

La gran conocedora de temas infantiles, Penélope Leach, comentó, en una presentación que hizo en la ciudad de Nueva York, que los niños tienen cada vez menos posibilidades de autocontrol. Los educamos, los protegemos y fomentamos la baja tolerancia a la frustración.

Las mamás actuales coincidimos en que, si los niños padecen TDA, es mucho más difícil que los límites sean puestos con claridad y la suficiente constancia, incluso cuando hay una orientación pedagógica adecuada.

"Ya ni las abuelas contribuyen con nosotros a cuidar a los niños. Ellas ya están agotadas, y Daniel, mi hijo de nueve años con TDA, es un remolino a quien no puedo dejar con nadie. Su padre y yo somos los únicos a quienes hace caso. Esto nos tiene muy desorientados y pasamos de la sobreprotección a la sobreexigencia.

Es doloroso decirlo, pero aún tenemos expectativas muy altas respecto de lo que Daniel nos puede dar", expone María José Cuevas, mamá de Daniel, de 11 años, y de María, de ocho años de edad.

Aunque es cada vez más esporádico, aún vivo la sensación de impotencia y agotamiento con José. El problema es que con esto aparecen sentimientos de rechazo hacia el niño, que acaban desembocando en sentimientos de culpa. Conclusión: una mamá ansiosa y a veces deprimida.

Desde el punto de vista del doctor Arturo Mendizábal, es muy probable que las familias en las que hay un miembro con TDA necesiten intervención psicológica, individual o de pareja, al margen de las dificultades del niño, por ejemplo, para tomar conciencia de los problemas de pareja que pueden derivarse de las necesidades pedagógicas y emocionales de su hijo. Estos niños tienen alteraciones en muchas áreas, por lo que hay que abor-

darlos desde muchos puntos de vista. A veces, esto supone tener que organizar y dar prioridad a un tipo de tratamiento sobre otro en determinado momento, y esas prioridades se deben establecer en función de las características familiares y del niño.

> *"La frustración es la diferencia entre lo que somos y lo que pensamos que somos."*
>
> Anónimo

Con certeza, lo que más necesitamos para saber cómo tratar a nuestro niño con este padecimiento es, básicamente, asesoría en las decisiones educativas de cada nueva etapa. A veces, es necesario que cambie de aula, otras veces, que repita el curso y otras, que cambie de colegio. Los profesores deberían también recibir cierto adiestramiento, sobre todo para no golpear la autoestima de los niños de la forma en la que lo hacen.

Asimismo, los padres necesitamos tener información sobre los recursos sociales disponibles. Es verdad que el tratamiento de niños con déficit supone un gasto de energía y económico muy importante, sin embargo, también debemos tener información sobre asociaciones de padres, colegios, campamentos o actividades con las que el niño pueda funcionar bien, ayudas, becas escolares e información de neurólogos, psicopedagógos y psicólogos de la zona a quienes acudir. Por todas estas razones, la necesidad de equipos multiprofesionales que aborden el problema es algo que hay que tener muy presente, aunque no en todos los casos podamos tener a todos en perfecta coordinación.

Las técnicas de conducta para manejar a un niño con TDA no pueden ser intuitivas. Por supuesto, a veces hay que recurrir al sentido común, pero yo, por ejemplo, cuido cada paso que doy con José. Generalmente

recurro al apoyo de otras madres que enfrentan el mismo problema, a los libros, mis aliados incondicionales, y también pido mucho apoyo al paidopsiquiatra infantil encargado de la terapia de mi hijo.

El manejo de estos niños en casa es un proceso permanente. No llega el día en el que digamos, por fin lo logré, el niño está bien. Lo que es una realidad es que son agotadores. Todas las mañanas cuando lo despierto me propongo que ese día daré lo mejor de mi misma para hacerle la vida más llevadera a José, pero después de 20 minutos de pedirle que se levante y no obtener respuesta, mis promesas se vienen abajo. Guillermo y yo estamos convencidos de que es inútil y perjudicial para José intentar forzarle a que sea como los demás. Sin embargo, hemos logrado enseñarle a controlar y limitar su comportamiento destructivo y estamos en el camino de despertarle un sentido de autoestima que le ayudará a superar este negativismo hacia la vida, el cual es uno de los grandes peligros de este trastorno.

"En casa hemos comprobado con Camila, mi hija de siete años quien padece TDA, que su autoestima se desarrolla a partir de la disciplina. Practicamos con ella la capacidad de retroceder y medir las consecuencias de una acción y controlar el acto antes de realizarlo. Ayudarla a conseguir esta autodisciplina ha requerido paciencia, afecto, energía y firmeza. Pero, principalmente, que nos pongamos en el lugar de la niña y la comprendamos", reconoce Ivonne Fernández.

Gabriela Gordillo, psiquiatra infantil, afirma que la sola idea de cambiar el comportamiento de un niño obstinado, voluntarioso y con fuertes descargas de energía parece desalentadora. "Sin embargo, he trabajado con algunos padres que pueden aceptar una amplia gama de comportamientos, mientras otros no pueden. Cuando diagnostico y empieza el trabajo con el paciente que padece déficit, recomiendo a los papás que elaboren una lista donde se dé prioridad a los comportamientos que consideran más negativos y que quieren controlar, como peleas con otros niños o negarse a levantarse por la mañana. Los comportamientos menos negativos, los que caen al final de la lista, deberían ser ignorados de momento, o incluso, restarles importancia, como por ejemplo, negarse a dejar de usar pants todas las tardes, incluso para visitar a la abuela." Algunos comportamientos aparentemente raros y que no son dañinos para el niño ni para los demás, pueden ser también un indicio de intentos creativos o divertidos de adaptación a su situación (por ejemplo, inventar canciones tontas o hacer dibujos violentos). Éstos deberían ser aceptados como parte particular y positiva del desarrollo del niño, incluso cuando parecen raros a los padres.

Mendizábal coincide y señala que es muy importante comprender que los niños con TDA tienen mucha más dificultad para adaptarse a los cambios que los niños que no lo padecen. Los padres deben ser lo más consistentes posible en cuanto a la disciplina, la cual debe incentivar el buen comportamiento y desanimar la conducta destructiva. Las normas deben ser bien definidas pero lo suficientemente flexibles para tolerar alguna negociación.

Con niños pequeños, ayuda mucho crear tablas con puntuaciones o estrellas que marcan el buen comportamiento o tareas cumplidas. Incluso, vale la pena dar puntos cuando se presenten comportamientos positivos sencillos que se dan por hecho en la mayoría de las personas, pero que en casos de niños con déficit son realmente dignos de ser reconocidos, como responder alegremente a un cambio de planes, o remplazar una palabra obscena por una menos ofensiva.

La falta de consistencia, característica en estos niños, los hace aburrirse fácilmente de los sistemas de puntos o de reconocimientos. Por eso es importante buscar variantes de manera constante.

Tampoco hay que olvidar, sugieren los especialistas, que estos niños responden mejor a pequeños premios que se dan a corto plazo que a grandes premios que se consiguen en un futuro.

La forma en que estos niños viven la frustración es muy llamativa y diferente a como la puede vivir un niño en una situación normal.

José sufre verdaderamente. Grita, avienta, llora, pero hemos avanzado mucho porque ya casi no pelea con nadie; además, trato de evitar que el niño viva la frustración en lugares donde se pueda hacer daño, como puede ser el coche o el baño.

Un padre debe tener en cuenta que una respuesta desbordante forma parte del carácter de un niño con TDA y que, posiblemente, el niño no lo puede controlar.

Algunos expertos proponen un programa para controlar el comportamiento, llamado *técnica de costos punitivos*, que combina los elementos del refuerzo positivo y del negativo. Se le puede resumir en: "Si tu comportamiento es bueno, tendrás tu premio. Pero sólo puedes guardarlo si este comportamiento apropiado continua".

Los padres deberían intentar prestar poca atención a los comportamientos ligeramente perturbadores que permiten a este niño liberar energía inofensiva. Si no, los padres también estarán gastando energía que van a necesitar cuando el comportamiento se vuelva destructivo, abusivo o intencionado. En estos casos, el niño debe ser disciplinado o detenido inmediatamente; de otra manera, aprenderá a manipular las circunstancias.

"Cuando Darío se descontrola, la mejor solución es aislarlo en su habitación durante un momento breve. Si el descontrol ocurre en público, nos salimos del lugar de inmediato. Ni mi esposo ni yo somos santos, por eso hemos aprendido a no sentirnos mal cuando salen nuestros demonios internos. Tratamos de no ser abusivos ni ofensivos con Darío, pero tampoco le ha pasado nada cuando se lleva un buen grito o reprimenda."

Los padres deberían intentar realizar actividades que logren que su hijo se concentre. La computadora es una herramienta potencialmente útil en este sentido. Los niños con TDA son atraídos en especial por ésta y juegos de video. Ahora están disponibles muchos juegos de aventuras que ofrecen técnicas de resolución de problemas a través de personajes, narrativa y humor.

Manejo en la escuela

Cuando los padres tienen éxito en el manejo del niño en casa, a menudo se presentan dificultades en la escuela. Aunque los maestros pueden dar por hecho que habrá un niño con déficit de atención en cada salón de clase, en la actualidad existen pocos programas de formación que les preparen para manejar a estos niños.

El niño con TDA suele ser exigente, llamativo y, con frecuencia, olvida los deberes. Su falta de control motor fino le hace difícil la tarea de tomar notas. La memorización y el cálculo matemático, que requieren el seguimiento de pasos en orden preciso, también le resultan a menudo difíciles. Muchos de los niños con déficit de atención responden bien a las tareas escolares que son rápidas, intensas, nuevas o de corta duración (como los concursos de deletrear o juegos competitivos), pero casi siempre tienen problemas con proyectos de larga duración en los cuales no hay supervisión directa.

Elsa Beneitez, psicopedagoga de una escuela y con mucha experiencia en el trato de niños con TDA, afirma que la prioridad para los padres de familia es desarrollar una relación positiva —y no de enfrentamiento— con el maestro del niño, y reconocer el hecho de que el maestro debe manejar el comportamiento del niño con déficit y, además, atender las necesidades de los demás compañeros.

También plantea que las conversaciones frecuentes y de comprensión mutua con el maestro pueden ayudar y llevar a esfuerzos coordinados, especialmente si éstas proporcionan un intercambio de información sobre el progreso o retroceso del chico. También, ayuda que el niño se siente en las primeras filas del salón de clase, así como la participación de un tutor después de la escuela.

"En cualquier proceso educativo debe haber una integración sana y feliz del niño con TDA y sus compañeros de clase", expone Beneitez.

¿Y la familia?

Durante mucho tiempo, mi esposo y yo pensábamos que Natalia no se daba cuenta ni sentía nada respecto a la deficiencia de su hermano José. Pero las apariencias engañan. Un día entró a la cocina, cuando preparaba el desayuno, y me preguntó llorando: "Mamá, ¿tú sabes por qué papá no me quiere?" Me quedé "helada" con la pregunta y le dije que estaba equivocada y que ella era los ojos de su papá. Entonces me dijo: "¿Por qué papá no me hace caso? Sólo le importa José, si José hace algo bueno o malo, papá le presta toda la atención y yo que siempre me estoy portando bien nunca me lo reconoce".

Ese día reconocí que la niña también necesitaba una terapia. Cargaba en su espalda un costal enorme llamado José. Es una niña muy maternal y me parece que quiso representar el papel de protectora en la escuela. Por eso, celebro que José y ella asistan a escuelas distintas y que Natalia se sienta lo suficientemente niña de nueve años como para pelear con su hermano, como lo hacen todos los hermanos.

"La diferencia de opiniones entre mi esposo y yo, acerca de la forma en cómo tratar a Enrique, mi hijo de 12 años y con TDA, es la principal causa de tensión en la relación y el matrimonio", expone Ana del Carmen Cordero, quien también señaló que el psicólogo que está atendiendo a su hijo, les recomendó que si son incapaces de solucionar esta diferencia por sí solos, consulten con un experto. "Los padres se necesitan mutuamente y no se pueden arriesgar a quedarse sin el apoyo mutuo debido a esta tensión."

Las dificultades entre los padres también pueden afectar a los demás hijos. A veces, a ellos no se les informa acerca del problema del hermano, ni de los motivos de la preocupación paterna. Y ellos, sin conocer los hechos, pueden imaginarse situaciones y pensar: "¿Es culpa mía? ¿Me pasará a mí también? ¿Se morirá?" Algunos se pueden enfadar por no ser tratados equitativamente: "¿Por qué tengo que hacer mi cama y él no? ¿Por qué a él se le perdona una acción y cuando yo la realizo me castigan?" Otros se pueden sentir culpables. Se les ha dicho que tienen que ser más comprensivos y aceptar la situación, pero, aún así, se enojan ante la conducta del hermano o por la atención que él o ella recibe. Si la familia no puede manejar estos problemas a través del trabajo conjunto y hablando acerca de ellos, debe consultar al experto.

"En general, las madres llevan la peor parte del abuso físico y emocional que los chicos con TDA causan, lo cual es irónico porque los niños tienden a querer a la madre intensamente y se sienten seguros con ella. La madre debe protegerse a sí misma y al niño, estableciendo reglas firmes pero con afecto, que indiquen dónde termina su espacio y dónde empieza el del niño. Es probable que tenga que olvidarse de tener una casa inmaculada y la cena caliente cada noche. Una ventaja de tener un niño con TDA en la familia es que los padres aprenden que no son perfectos ni tienen que serlo. De hecho, esforzarse por ser perfecto es uno de los objetivos más contraproducentes que se debe perseguir cuando se cría a cualquier niño, ya sea con déficit o no. El niño con TDA puede ser maravilloso un día y terrible el siguiente y puede herir la sensibilidad de los padres, tanto como lo puede hacer un adulto. Los padres deben enfrentarse al disgusto y desaprobación de otros padres y ver que su hijo es rechazado. En esta situación es fácil caer en un agujero negro emocional y sentirse solo e impotente. Con frecuencia, los matrimonios llegan a situaciones de estrés cercanas a la ruptura. Los hermanos de los niños con TDA también tienen dificultades y los estudios, realizados en Estados Unidos principalmente, muestran que se colocan en situación de riesgo de sufrir afectación psicológica incluyendo depresión, abuso de drogas y trastornos del lenguaje. Muchas veces son víctimas del comportamiento del hermano o hermana con déficit, el cual suele ser fuerte, demandante e intimidante; además, estos chicos reciben atención positiva de los padres en respuesta a comportamientos que son ignorados o castigados en sus hermanos, y se pueden sentir alienados. El hermano que no recibe atención suficiente puede empezar a imitar las conductas no deseadas y actuar de forma negativa en otros aspectos. Es muy importante hacer que los hermanos se sientan igual de importantes en el funcionamiento familiar, y su valor en la familia no debe ser el de seguir el cuidado de su hermano con déficit de atención. (Fuente: http://www.egalenia.com.)

A pesar de todas las investigaciones y las afirmaciones hechas respecto a los niños con déficit de atención, como padres de familia debemos reconocer que estos niños suelen ser amorosos, creativos, ingeniosos y muy simpáticos. Esto como una manera de compensar sus problemas de relación con el ambiente que les rodea.

El diagnóstico para ellos es generalmente optimista, sobre todo si la familia y la escuela han conjuntado esfuerzos para fortalecer su autoestima y para hacerles sentir que el mundo es amable con ellos a pesar de que son diferentes.

Si los niños logran desarrollar su autoestima y respeto por ellos mismos, esto maximizará la realización de su potencial, su capacidad para adaptarse y su habilidad para apreciar y respetar a los demás. Los niños con TDA, igual que todos los niños, necesitan ser queridos, respetados, e incluso, aplaudidos por lo que son, en lugar de por lo que hacen. Requieren tener la seguridad de que sus diferencias con el resto de los niños no los privarán jamás del amor de sus padres y del respeto del mundo entero.

Preguntas

1. ¿Cómo contribuyo con mi hijo para que sea más tolerante?
2. ¿Le decimos con frecuencia que lo amamos y le mostramos nuestro cariño físicamente?
3. ¿Hemos hablado claramente con el niño sobre su padecimiento y él ha comprendido que es diferente a los demás chicos?
4. ¿De qué forma ayudamos al chico a organizar su vida emocional, social y escolar?
5. ¿Me producen ansiedad y depresión las conductas de mi hijo?
6. ¿Hemos trabajado dentro de la familia de manera acorde con las necesidades del chico?

Mis conclusiones

Algunas modificaciones ambientales que le ayudarán a su hijo con TDA a organizarse

1. Proporciónele tanta estructura y organización como sea posible. Establezca algunas reglas, rutinas y horarios.
2. Planee junto con el niño tiempos matutinos. "Dentro de este horario desayunas", "Tienes ciertos minutos para lavarte los dientes", etc... Si es necesario, ponga un cronómetro o un reloj que suene cada vez que se le acabe el tiempo de alguna actividad. Evite las carreras y los gritos matutinos.
3. El niño necesita saber qué comportamientos son aceptables y cuáles no. También debe conocer las consecuencias positivas y negativas de ambos.
4. Ayude al niño a organizar su cuarto y crearle sentido del orden.
5. Establezca un lugar determinado para que su hijo haga la tarea. Procure que no sea cerca de los hermanos para evitar que se distraigan mutuamente.
6. Diseñe el espacio de trabajo de su hijo con TDA con fácil acceso a los suministros y material necesarios.
7. Proporcione cajas, cajones y anaqueles bien etiquetados de forma que el niño sepa en donde encontrar sus cosas.
8. Utilice los colores estratégicamente para organizar las actividades del niño.
9. Coloque calendarios y utilice horarios.

Éste es un cuadro que a muchas mamás de niños con déficit nos ha ayudado a que el niño aprenda a organizar su rutina diaria

Actividad Puntos	Lunes	Martes	Miércoles	Jueves	Viernes	Sábado	Domingo
Levantarse a tiempo							
Estar listo a tiempo para ir a la escuela							
Poner la mochila en su lugar							
Quitarse y poner el uniforme en su lugar							
Lavarse las manos antes de comer							
Hacer la tarea							
Dejar la mochila lista							
Bañarse a tiempo							
Irse a dormir a las 9 pm							

El sistema de puntos es del 1 al 3. Si durante la semana el niño se esforzó por alcanzar un buen promedio se le da algún privilegio. Éste dependerá del estilo de la familia y de los intereses del chico.

El maestro del niño puede organizar un cuadro parecido a éste pero con las actividades escolares. Funciona muy bien.

Asimismo, los padres pueden ir añadiendo conductas o comportamientos. En lo personal, me sirvió hacer ese cuadro en una gran cartulina y con plumones de colores muy llamativos.

Los tres grupos de reglas básicas para el niño con déficit de atención

Grupo A: Las reglas que nunca deben romperse
- Ser siempre honesto con papá y mamá.
- No lastimar a nadie.
- Nunca actuar de manera que te puedas lastimar a ti mismo o a los demás.
- No tomar nada que no sea tuyo ni destruir los objetos de alguien más.

Grupo B: Las reglas que son muy importantes
- Siempre avisar en dónde estás.
- Hacer la tarea a tiempo y adecuadamente.
- Cuando sientas que no hay acuerdo entre tus padres y tú, nunca debes levantar la voz.
- Compartir los deberes del hogar con los demás miembros de la familia.
- Respetar a los demás.
- Mantener la casa en calma.

Grupo C: Las reglas de la vida diaria
- Tener en orden la mochila y el espacio en donde hago la tarea.
- Seguir los horarios familiares. Si me llaman a comer, en ese momento me siento a la mesa.
- Preparar con anticipación los materiales escolares.
- Hacer mis deberes del hogar.
- No molestar a los demás.
- Respetar el salón de clase.

Horizontales

1. Capacidad del niño con TDA para no considerar las consecuencias de sus actos y reaccionar temperamentalmente.
2. Conjunto de rutinas que le permiten al niño con déficit prever e ir adquiriendo seguridad.
3. Sentimiento que prevalece en los niños con TDA porque las cosas no resultan como ellos esperan.
4. Presencia de un comportamiento que, en la mayoría de los casos, se acompaña de malestar o interfiere con la actividad del individuo.
5. Función mental que nos permite entrar en contacto sensorial con el medio ambiente.
6. Comportamiento del niño frente a determinadas situaciones.
7. En el caso de los niños con TDA, es la ausencia de madurez en muchas áreas de su desarrollo.
8. Ciencia que estudia la herencia de los seres vivos.
9. Sentimiento que generan las conductas de los niños con TDA en contra de ellos mismos. Éste les impide socializar.
10. Apoyo psicológico o psiquiátrico.
11. Es lo que necesitan los niños con déficit tanto de sus padres como de sus maestros.
12. Es la conducta que los padres de familia deben asumir para poder ayudar a sus hijos con déficit.

Verticales

1. Nombre comercial del metilfenidato.
2. Conjunto de comportamientos que manifiestan alguna enfermedad o trastorno.

3. Incapacidad del niño para poder estar quieto y dejar de brincar, saltar y correr de un lado a otro. Suele poner de mal humor a quienes están cerca de estos niños.

4. Estructura compleja perteneciente al sistema nervioso, situada dentro del cráneo, punto de partida de la memoria y la razón.

5. Neurotransmisor asociado con la función de la atención.

6. Ausencia.

7. Médico especializado en psiquiatría infantil.

8. Es la posibilidad de que el niño con TDA esté atento a sus conductas para evitar reacciones impulsivas.

9. Estudio de la actividad eléctrica del cerebro.

10. Presencia repentina e involuntaria de movimientos que imitan algún aspecto de la conducta normal.

11. En el caso del niño con TDA, es la forma en cómo va construyendo una estructura psíquica, emocional y social. Es necesario que los padres la fomenten.

12. Médico especializado en el sistema nervioso.

13. Es lo que los padres transmiten a los hijos a través de los genes.

SOLUCIÓN AL CRUCIGRAMA

Horizontales	Verticales
1. Impulsividad	1. Ritalín
2. Hábitos	2. Síntomas
3. Frustración	3. Hiperactividad
4. Trastorno	4. Cerebro
5. Atención	5. Dopamina
6. Conducta	6. Déficit
7. Deficiencia	7. Paidopsiquiatra
8. Genética	8. Monitorear
9. Rechazo	9. Electroencefalograma
10. Terapia	10. Tics
11. Apoyo	11. Organización
12. Aceptación	12. Neurólogo
	13. Herencia

Relacione las columnas

Una con una línea la palabra correspondiente de la columna de la izquierda a la definición de la columna derecha.

Desatención

Tics

Déficit de atención

Asma

Ansiedad

Medicación

Impulsividad

Neurotransmisor

Rutina

Enfermedad de las vías respiratorias que puede producir falta de atención.

Es muy útil en el tratamiento junto con la terapia y el cambio de actitud de la familia del niño con TDA.

El niño parece no escuchar incluso si se le habla directamente.

Trastorno al que también se le conocía como hiperquinesia.

Movimientos involuntarios.

Actividades cotidianas que ofrecen seguridad al niño.

Dopamina.

Respuestas precipitadas.

Sensación de aprehensión, tensión o anticipación de peligro cuyo origen es desconocido.

Bibliografía

Alexander-Roberts, Collen, *The ADHA Parenting Handbook,* Taylor Publishing Company, USA, 1994.

Bauermeister, José, *Estrategias de apoyo para los niños con trastorno de déficit de atención en el hogar y en el ámbito escolar,* publicado por la Fundación DAHNA, México, enero de 2002.

Bronfman, Zalman, J., *Guía para padres,* Ediciones Yuca, Buenos Aires, 1995.

Galindo, Gariela y Molina, Villa, *Trastorno por déficit de atención y conducta disruptiva,* editado por Central Reivindicatoria de Acción Social, 1a. ed., México, 1996.

Hallowell, Edward M. y Ratey, John J., *50 recomendaciones para el manejo de los trastornos de atención en el salón de clases,* www.sinapsis.org.

Miller, Alice, *El drama del niño dotado,* Editorial Tusquet, 1a. ed. rev., España, 1998.

Rief, Sandra, *The ADD/ADHD check list. An easy reference for parents & teachers,* Prentice Hall, Simon & Schuster Company, USA.

Warren, Paul, *You & your ADD child,* Thomas Nelson Inc., USA, 1995.